杨凯 杨红雨 康瑞 著

机场场面运行仿真技术和风险评估策略应用

清華大學出版社
北京

内容简介

本书积极追踪机场场面运行仿真和风险识别评估技术的前沿与发展动态，系统介绍了场面运行模拟预演和风险管理的几个核心技术。全书共分5章，内容涵盖机场场面运行仿真及风险识别理论研究和应用分析，主要包括：机场场面运行技术研究内容及其发展与趋势；机场场面元素及运行过程；机场场面运行仿真模型；场面运行风险评估和冲突识别；冲突多发地带划设与分级评价。

本书可作为高等院校相关专业高年级本科生、研究生的空中交通流量管理理论课程教材，也可供从事空中交通管理研究与应用的科技工作者学习和参考。

图书在版编目(CIP)数据

机场场面运行仿真技术和风险评估策略应用/杨凯，杨红雨，康瑞著. —北京：清华大学出版社，2024.3

ISBN 978-7-302-65392-9

Ⅰ. ①机…　Ⅱ. ①杨… ②杨… ③康…　Ⅲ. ①机场－空中交通管制－仿真－研究　Ⅳ. ①V355.1

中国国家版本馆CIP数据核字(2024)第043641号

责任编辑：王　欣　赵从棉
封面设计：常雪影
责任校对：赵丽敏
责任印制：刘　菲

出版发行：清华大学出版社
网　址：https://www.tup.com.cn，https://www.wqxuetang.com
地　址：北京清华大学学研大厦A座　**邮　编**：100084
社 总 机：010-83470000　**邮　购**：010-62786544
投稿与读者服务：010-62776969，c-service@tup.tsinghua.edu.cn
质量反馈：010-62772015，zhiliang@tup.tsinghua.edu.cn
印 装 者：三河市天利华印刷装订有限公司
经　销：全国新华书店
开　本：170mm×240mm　**印　张**：9.5　**字　数**：190千字
版　次：2024年5月第1版　**印　次**：2024年5月第1次印刷
定　价：58.00元

产品编号：097179-01

前言

民航业是我国经济社会发展的重要战略产业。机场作为航空网络的终端节点，其运行保障能力对空中交通流量分布及演化态势有重大影响。近年来，机场不断增容扩建，部分机场航空器平均滑行时间超过 20 min，当跑道、滑行道构型复杂时，管制员、飞行员容易产生混淆，错误指挥或驾驶航空器在错误时机进入滑行道、跑道，与其他航空器或车辆形成冲突甚至碰撞，从而导致不安全事故频发和效率低下。因此，航空器机场场面活动关键技术成为我国民航研究热点问题，也是我国空中交通管理体系的重要组成部分。

机场场面运行是航空器飞行过程的重要阶段，近年来，我国民航业长期保持稳定持续发展，对机场场面运行能力提出了更高的要求。为了保障机场场面运行过程安全与流畅，应对航空器在机坪、活动区的运动特点进行研究分析和预演仿真，判断并量化场面运行风险，识别并评估冲突多发地带，建立高效合理的管制程序，这样能有效提高安全水平，提高空域吞吐量，减少航班延误时间和经济损失，减轻管制员的工作负荷，也能为制定航班时刻表、完善机场运行规范、补充空管规则提供参考和依据，进一步为机场场面交通流量管理提供合理的策略和方案。

本书是作者近 10 年在该领域研究成果的系统总结，同时也反映了该领域的国际研究前沿与发展动态。本书以机场场面运行仿真和风险评估方法为主线，全面地介绍了国内外学者在机场场面运行仿真和风险识别方面的理论研究内容，其中也包括作者的相关研究成果。全书共分 5 章，分别介绍场面运行基本程序、航空器运行仿真技术和风险识别与评估方法。第 1 章绪论，简要介绍机场场面运行技术研究的目的、意义，并分析其发展趋势；第 2 章机场场面元素及运行过程，介绍机场系统构成和航空器场面运行程序；第 3 章机场场面运行仿真模型，着重介绍基于元胞自动机的航空器场面运行全过程模型的构建；第 4 章场面运行风险评估和冲突识别，详细介绍航空器场面运行风险演化过程，分别针对交叉、逆向、顺向冲突问题介绍理论模型和算法，描述车辆与航空器混合运行冲突判断和评估方法；第 5 章冲突多发地带划设与分级评价，简要介绍冲突多发地带的基本概念和应用现状，着重介绍冲突多发地带的识别方法和分类评价方法，并通过机场冲突多发地带的划设实例进行验证分析。

本书可作为相关专业高年级本科生、研究生教学的辅助教材，也可作为计算机专业和空中交通管理交叉学科的科技工作者的参考书籍，同时对空中交通管制人员、机场运行人员也有参考价值。

本书是在杨红雨教授的指导下，由杨凯具体组织编写的。其中，康瑞编写了第2章、5.1节和5.4节部分内容。杨凯编写其余章节，并负责全书结构、内容规划和全文统稿工作，杨红雨教授负责审校。

本书编写过程中，中国民用航空局空中交通管理局、中国民航飞行学院空中交通管理学院、中国民航飞行学院机场学院、中国民航中南地区空中交通管理局等单位的专家、同仁、一线管制员、技术保障人员和机场运行人员给予了热情帮助，提供了许多宝贵的建议和素材，在此深表谢意。此外，在民用航空相关背景资料的编写过程中参考了大量网上信息，因其内容零散且较多，无法在参考文献中一一列出，在此一并表示致谢。

由于编写时间比较仓促，文献资料等收集难免有疏漏，加之航空信息技术发展迅速，编者水平有限，本书编写中难免有错误与不妥之处，恳请广大读者批评指正。

作　者

2024年1月于四川大学

目录

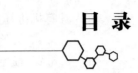

第1章

绪　论

1.1　民航运行现状及发展趋势

民航业是我国经济社会发展的重要战略产业。2009—2019 年，中国民航运输量始终保持较高的增长率，11 年平均年增长率约为 12%。2020 年，新冠疫情给民航业造成巨大冲击，全行业明确了“保安全运行、保应急运输、保风险可控、保精细施策”的防控工作要求，准确把握疫情形势变化，科学决策，创造性应对，因时因势精准施策，统筹推进疫情防控和安全发展。中国民航在全球率先触底反弹，国内航空运输市场成为全球恢复最快、运行最好的航空市场，2022 年民航运输总周转量为 599.28 亿 t · km，比 2021 年下降 30.1%[1]（图 1-1）。

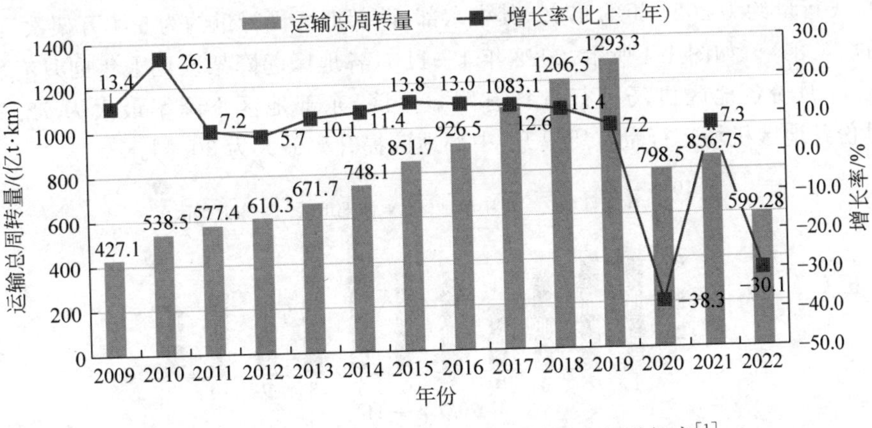

图 1-1　2009—2022 年民航运输总周转量和年增长率[1]

2022 年民航发展总体平稳，受疫情影响总周转量比 2021 年有所下降，截至 11 月底，总周转量约为 552 亿 t · km，如图 1-2 所示，平均每月完成周转量达 50 亿 t · km[1]。

截至 2021 年年底，我国境内民用航空机场总数为 248 个，比上年底净增 7 个。其中，4F 级机场 15 个，4E 级机场 37 个，4D 级机场 37 个，4C 级机场 154 个，3C 级机场 4 个，3C 级以下机场 1 个。全行业运输机场共有跑道 275 条，停机位 7133

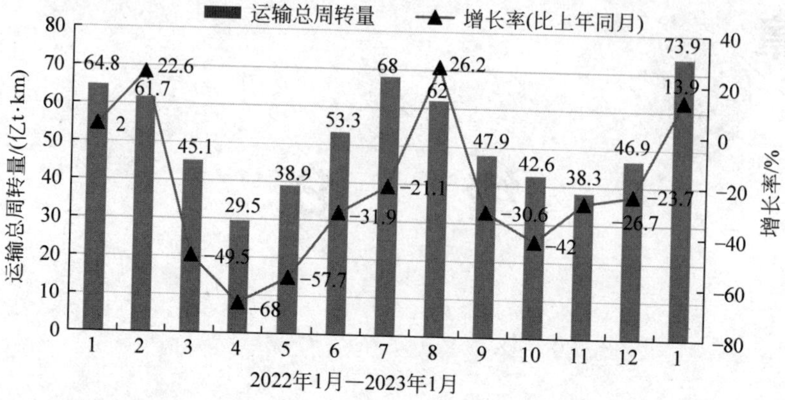

图 1-2　2022 年 1 月—2023 年 1 月民航运输总周转量和比上年同月增长率

个,航站楼面积 1787.9 万 m^2。2021 年全国民航运输机场完成旅客吞吐量 9.07 亿人次,比上年增长 5.9%。其中,东部地区完成旅客吞吐量 4.43 亿人次,比上年增长 3.6%;中部地区完成旅客吞吐量 1.13 亿人次,比上年增长 11.3%;西部地区完成旅客吞吐量 2.97 亿人次,比上年增长 6.5%;东北地区完成旅客吞吐量 0.55 亿人次,比上年增长 10.8%。2021 年,全国民航运输机场完成起降架次 977.74 万,比上年增长 8.0%。其中,运输架次 798.56 万,比上年增长 7.1%[2]。

2022 年 1—11 月,东部、中部、西部、东北地区机场起降架次如图 1-3 所示。目前总飞行量约为 2021 年的 67%,其中东部、西部地区飞行量约为 504 万架次,占总量的 76.8%。如图 1-4 所示,2022 年 1—11 月各地区起降架次比上年同月有较大波动,4 月份各地区机场飞行量均有明显下降,东部地区下降率最大为 72.9%,8 月份各地区机场运行量有所提升,中部地区提升率最大为 30.9%[2]。

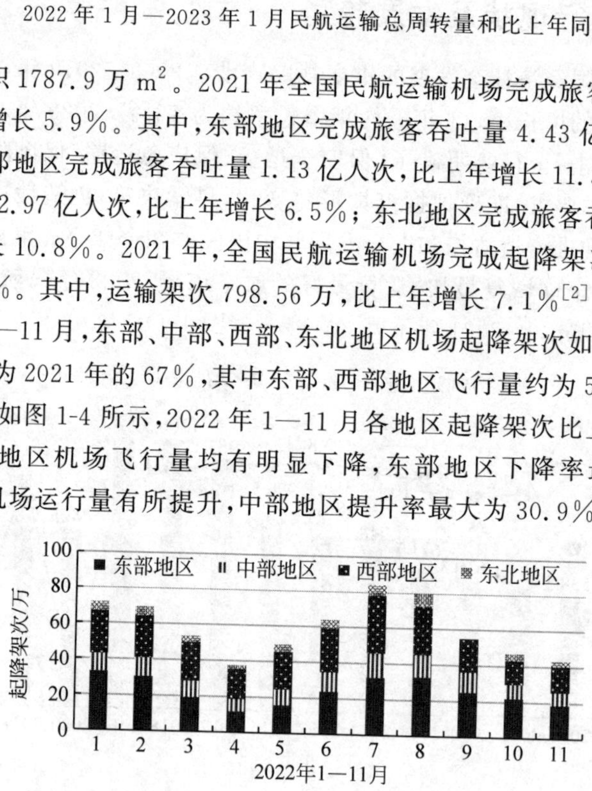

图 1-3　2022 年 1—11 月各地区机场起降架次

根据中国民航"十四五"规划以及民航业内有关研究机构对空中交通运输发展的预测,未来民航运输将分为 2 年恢复期和 3 年增长期两个发展阶段,民航运输在国民经济贡献中所占比例将持续提升,空中交通在综合交通中的运量比例和重要程度将不断提高。预计到 2025 年,民航运输客运量年增长率为 0.4%,旅客总量将超过 9.3 亿人次,货邮运输量为 950 万 t,运输总周转量将达 1750 万 t·km,民航运输机场数量将超过 270 个,以保障起降架次 1700 万[3]。

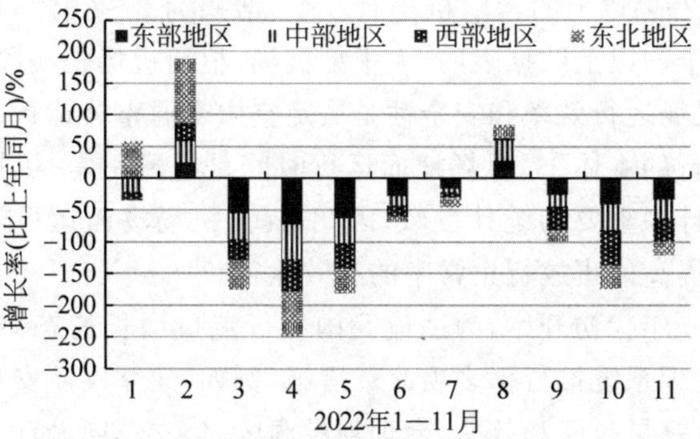

图 1-4 2022 年 1—11 月各地区起降架次与上年同月比较增长率

受新冠疫情影响，空中交通飞行流量有较大波动，同时由于天气、航司空管保障等因素航班不正常率仍超过 10%。根据民航局 2021 年民航行业发展统计公报统计，我国客运执行总量为 378.59 万班次，其中客运执行正常航班占比为 88.00%，总量为 333.14 万班次。国航、南航、东方航空等主要航空公司总执行航班约 292.98 万班次，据统计，各主要公司航班执行正常比例平均值为 88.08%，正常航班总执行量为 258.05 万班次[1]。

如表 1-1 所示，天气原因和航空公司原因是影响航班正常性比例的主要原因。由于飞行流量分布存在着地区性特征，在京广航路以东地区集中了约 90%的飞行流量，其中约 70%的流量集中在 A461、A593 和 A599 等主航路。机场作为航空网络中的终端节点，其容量与运行效率往往决定了整个航空运输网络的运行效率。2021 年，年旅客吞吐量 100 万人次以上的运输机场达 96 个，比 2020 年减少 0.2%，1000 万人次以上运输机场有 29 个，比上年增加 2 个，旅客吞吐量占全国比例达 70.8%，占比较 2020 年上升 0.8%。其中，北京、上海和广州三大城市机场旅客吞吐量占全境内机场旅客吞吐量的 18.0%。2021 年部分枢纽机场运量增加，旅

表 1-1 2021 年全部航空公司、主要航空公司航班不正常原因统计[1]

分类		比例/%	年增减率/%
全部航空公司航班不正常原因		100	0
其中：	航空公司原因	15.28	−1.19
	空管原因	0.63	−0.13
	天气原因	59.56	2.25
	其他	24.53	−0.93
主要航空公司航班不正常原因		100	0
其中：	航空公司原因	14.95	0.30
	空管原因	0.75	−0.23
	天气原因	60.24	1.49
	其他	24.06	−1.56

客吞吐量增幅在20%以上的运输机场有5个，增幅为0～20%的有13个，降幅为0～20%的有11个。以上数据表明，大中型机场、枢纽机场是我国空中交通网络的重要终端节点，机场运行效率和安全性是决定空中交通整体运行态势的关键因素。飞行区是机场运行的主体[4]，机场地面运行时间是航班正常、机场放行正常、始发航班起飞正常统计中重要的统计参数，因此，提升机场场面运行效率、确保航空器场面运行安全是提高航班放行正常率的有效途径[5-6]。

从20世纪90年代初开始，为适应我国飞行流量增长的态势和提高正点率的要求，空中交通管理系统推行了多项改革措施，例如，建立民航安全管理体系，缩小垂直间隔，提高管制员技能和效率，合理划设扇区，建立单向循环大通道航路结构，引进监视、导航设备等，但是航班不正常率仍然居高不下。目前，北京、上海、广州、深圳等繁忙机场已经满负荷运行，杭州、昆明、成都等20多个机场以及京沪、京广、沪广等航路的保障容量已经全部饱和[2,7]。民航局曾表示，随着民航业的快速发展，民航需求与流量限制之间的矛盾将日益突出，降低不正常航班比例、提高空管保障能力、提升机场场面运行效率是目前民航工作重点[3]。

机场作为航空器飞行过程的起点及终点，其场面运行效率及安全水平对空中交通流量分布及演化态势有重大影响。近年来，我国部分民用机场不断新建跑道、滑行道，扩建机坪、航站楼。目前拥有2条以上跑道的民用机场数量已超过10个[1,7]。北京、上海、广州等大流量枢纽机场均已拥有3条以上跑道，2019年10月正式运行的大兴机场有4条跑道，并且这些跑道形成近距平行、远距平行、V开口等多种构型。从开航至2022年9月21日，大兴机场单日最高航班量突破660架次，累计完成航班起降8.4万架次。2021年6月投运的天府机场飞行区有"两纵一横"3条跑道，截至2022年6月，累计完成航班起降超9万架次，运送旅客超1000万人次。部分中流量机场也正计划或建设第二条平行跑道，跑滑结构日趋复杂，致使机场航空器平均滑行时间超过20 min[8-9]。同时为确保航空运营能力与市场需求相平衡，各航空公司购买新机型以扩大机队规模，如购买A350、B767等各类大型、宽体型飞机以提升单位架次客运量，因此航空器运行类型丰富，机型差异较大[10]。然而当跑道、滑行道构型复杂时，管制员或飞行员容易产生混淆，错误指挥或驾驶航空器在错误时机进入滑行道、跑道，与其他航空器或车辆形成拥堵、冲突甚至碰撞，从而导致不安全事故频发和效率低下[8]。2016年10月11日，虹桥机场发生A类跑道侵入事件，这为机场运行安全敲响警钟。因此，对航空器机场场面活动关键技术进行研究，探索如何提高跑道入侵防范水平，如何防止航空器地面滑行冲突，如何提升机场运行效率，成为我国民航业研究热点。

为进一步提升机场运行保障能力，2018年4月，民航局发布《航空器机坪管制移交工作总体方案》，规定2019年底前符合移交标准的民航机场应完成机坪管制移交工作，将部分机坪、机动区移交给机场来进行管理。这一举措将重新划分空管、机场管理范畴，变更传统的机场管制运行程序。因此针对航空器在场面运行的各阶段，研究运动特性和安全水平，建立机场运行安全评估指标和方法，对明确移交前后危险源变化[11-13]，减少因管制方式变更带来的风险，推进机坪管理移交的顺利进行，有着至关重要的作用。

用地面交通进行类比，只有道路运行管理系统良性发展，才能为地面交通繁荣发展创造环境和硬件条件。如果只扩充民航班机数量和扩建机场，没有同步建设完善的空中交通管理系统与机场、机队硬件相匹配，将难以满足我国民航运行系统高速发展的需求。近年来，我国民航业长期保持稳定持续发展，这对机场场面运行能力提出了更高的要求，因此，借鉴发达国家机场场面运行管理的相应经验，结合我国国情和管制规则，立足我国民航发展特点，对机场场面运行关键技术进行理论研究及应用实践，对促进我国民航运输发展起到至关重要的作用。

1.2 机场场面运行研究意义

1.2.1 机场运行的重要性

随着我国民用航空飞行流量增长、运输机队规模扩大，传统的以提供实时管制指令为主，流量与资源统筹分配为辅的空中交通管理方法已经落后于我国民航发展需求。同时，世界空中交通管理的理念和技术正在发生重大变革。在技术上，航空器性能、航空器自主导航能力和自主冲突处理能力大大增强，空中交通管制和空域管理、流量管理运行权重也在发生明显变化，其中流量管理权重将提高到30%～50%[7,10,14-15]。因此建设系统化、专业化的空中交通管理系统已经迫在眉睫。为此，四川大学视觉合成重点实验室开展了机场场面运行、中低空及高空飞行的多类型智能空中交通管理关键技术研究，实施原型、实用系统设计开发工作。

目前大中型机场滑行道和跑道布局复杂，交叉口增多，由于这容易造成飞行员混淆或管制员监控不到位，航空器滑入错误滑行道或进入跑道，从而导致滑行冲突及跑道侵入的事件呈逐年上升趋势[8,16]。统计数据表明，人员技能低、操作不规范、疲劳作业等人为因素是导致机场不安全事件发生的最重要原因。统计的563起航空器地面运行事故原因中，机组占5.2%，空管占0.4%，地面保障人员占61.4%[8]。场面监视和引导设备及技术逐渐在国外被成功应用，解决了许多外国枢纽机场的地面运行拥塞及冲突问题[17-18]。地面运行引导控制系统造价高、投资大、周期长[18-20]，而我国大部分机场并未安装或使用此类系统，因此研究航空器地面运行特征，对航空器场面运动过程进行仿真预演，量化管制程序等关键业务流程在风险演化中的作用[21-22]，评估滑行道系统构型对航空器冲突趋势的影响[23]，并对地面运行不安全区域进行科学识别，以减少运行危险，能切实优化管制运行程序，减少管制工作负荷，提高机场场面运行效率。

机场场面运行策略已成为未来空中交通管理的重要部分，其研究意义重大，发展前景十分广阔。因此本书选择对“航空器场面运行过程仿真预演”“机场场面运行冲突识别及量化评估”和“机场活动区冲突多发地带识别及分级”等关键问题进行深入全面的研究，同时遵循我国空管相关规定，结合管制员、飞行员、特种车辆驾驶员的操作经验与意图，从系统角度出发，介绍相关理论方法、运行策略、验证效果及辅助决策系统的设计与实现。

1.2.2 机场场面新技术的重要性

2012 年 11 月，国际民航组织（International Civil Aviation Organization，ICAO）在第 12 次空中航行会议中提出了新版的《全球空中航行计划》，该版计划包含了一个重要内容，即航空系统组块升级（aviation system block upgrades，ASBU）[24-25]。为了向全球航行技术发展提供研究方向和应用指南，ASBU 整合了各国自主建设的航行技术发展框架，形成了各领域新技术从理论研究到应用的复杂系统工程。ASBU 构建的 4 大组块为 2013—2028 年的空中航行系统发展提供指导及应用方案，以明确全球范围内航行技术持续、快速发展的目标及基本原则。中国民航局在第 12 届全球空中航行大会上对 ASBU 进行响应，表示将利用 ASBU 来完善中国民航空管战略规划，推进中国民航空管系统的现代化进程，并与全球空管系统发展保持互用和一致[26]。结合 ASBU 的有关要求，建立方法论，统筹兼顾地推进中国民航航行系统的发展，是建设我国新一代空中交通管理系统的关键环节之一，能加快我国由民航大国转向民航强国的历史进程。

ASBU 定义了 4 个应用改进领域：机场运行、全球互用的系统和数据、最佳容量和灵活飞行、高效飞行轨迹。为了实现新一代空中交通管理系统，需要在这 4 个领域推行运行改进。“机场运行”作为四大改进领域之首，在 ASBU 的技术模块中起决定性作用。其意义为：空管系统应成为机场空侧内基础设施的重要部分，应充分发挥积极作用。为了能在任何条件下确保飞行安全性及最大化机场运行容量，机场必须配备各类目视领航灯光系统和与跑道、跑道脱离道、滑行道、联络道及场面精密引导设施等相关的地面和进近引导设施，以便为航空器运行提供必要的环境及硬件支持[24]，如图 1-5 所示，相关技术引线为：

（1）机场可接入性（airport accessibility，APTA）。包括垂直引导的进近程序的优化和机场可准入性的优化。

（2）尾流间隔（wake turbulence separation，WAKE）。通过优化尾流间隔优化跑道吞吐量，通过优化尾流紊流最低间隔标准和修订航空器尾流紊流类型和程序，提高离场和进场跑道的吞吐量。

（3）场面运行（surface operations，SURF）。高级机场场面活动引导与控制系统（advanced-surface movement guidance and control system，A-SMGCS）可监视机场场面上的航空器和车辆运行情况，并根据运行趋势及间隔进行告警，从而提高跑道或机场的安全性。

（4）机场协同决策（airport collaborative decision making，ACDM）。通过机场

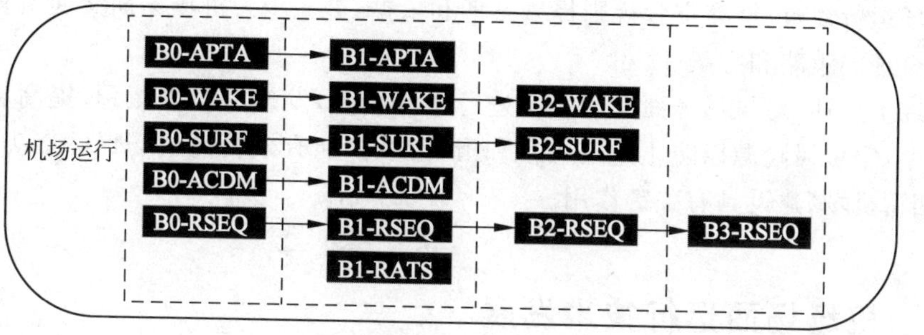

图 1-5 ASBU 中机场运行效能改进领域技术图

协同决策系统提升机场运行效率，实施协作应用系统，从而能够在机场不同的利害攸关方之间共享场面运行数据。

(5) 跑道排序(runway sequencing，RSEQ)。通过进离场排序管理(arrival manager/departure manager，AMAN/DMAN)提高跑道交通流量，对在紧邻机场有多条关联跑道的某一多跑道机场的进场和离场航班进行管理(包括基于时间的计量)，以有效地利用跑道的固有容量。

(6) 远程塔台(remote air traffic service，RATS)。如果本地空中交通服务无法持续，可由某远程设施向一个或多个机场提供空中交通服务。

根据以上描述可知，在机场运行方面，未来航行新技术的发展集中在场面运行优化、冲突探测及预警、跑道容量有效提升和高效利用等方面。

同时，空中交通流量管理体系的建设是在我国民航现行空管体制、机制下的重要任务。空中交通流量管理的任务是保证空域内的飞行流量与空域容量的平衡，使航空器安全、有序、高效地在空域内运行[27]。在不同的时期，分别以空域容量和流量优化为目标，空中交通流量管理程序及策略有多种表现形式。其中，机场场面运行优化是指对机场飞行区内飞行流量的优化分配；机场容量提升是指在准确评估机场容量的同时分析影响运行效率的因素，并给出跑道使用效率提高及容量提升方案的过程。机场场面运行冲突及风险评估结果直接关系到流量管理模型的优化策略是否合理有效，因此，机场场面运行关键技术也是我国建设飞行流量管理系统的重要组成部分。虽然很多民航部门、高校和科研机构开展了相关理论研究及系统研发工作[28-37]，但这些工作大都处于理论研究和试验阶段。

机场场面运行是航空器飞行过程的重要阶段，我国民航运输行业的高速发展对空管系统和航行技术的发展提出了更高要求，也对机场管制能力及保障能力提出了更高标准。对航空器在机坪、活动区的运动特点进行研究分析和预演仿真，对地面滑行道、联络道预判冲突，合理分配滑行路径，建立高效合理的管制程序，能有效提高安全水平，提高空域吞吐量，减少航班延误时间和经济损失，减轻管制员的工作负荷，保障机场场面运行过程安全与流畅。找到影响运行的瓶颈区域和关键因素，并对机场场面风险控制能力及运行效率进行评估，能为制定航班时刻表、完善机场运行规范、补充空管规则提供参考和依据，进一步为机场场面交通流量管理提供合理的策略和方案。

综上所述，对机场场面交通系统进行仿真预演，发现并改善瓶颈，提高场面运行效率，定位风险源以防止跑道入侵和滑行冲突，能有效提高机场保障能力，对推进“四型机场”建设具有关键作用。

1.3 机场场面运行技术发展

1.3.1 国外技术现状与发展

机场场面运行控制问题直接来源于实际的管制工作。20世纪60年代，在欧美各国，当航班流量增长至一定程度，地面运行拥堵及跑道侵入频繁出现时，人们才广泛关注这个问题，并着手开始研究。进入20世纪70年代后，美国的航空运输量增长较快，航班延误率也随之增长[38]。美国联邦航空管理局(Federal Aviation Administration，FAA)为应对以上情况，设计并建立了国家空域系统(Nation Airspace System，NAS)[39-40]。在系统运行初期，为了增加空域系统容纳能力，美国利用增加航线、增修机场、建立多跑道运行方式等方法来减少延误和拥堵，这解决了一些问题[41-42]。但随着航空运输的进一步发展，各类飞行运行对各种空域资源的占用和竞争矛盾不断产生，仅仅增加空域数量[43]、增加单个空域的容量不能满足运行需求[44]，必须采取一些方法来充分利用空域资源，例如采用科学的场面运行控制系统，这样才能从实质上提高对国家空域系统的安全有效使用。

机场场面活动引导及控制系统(surface movement guidance and control system，SMGCS)是当时解决机场运行问题的有效方法。SMGCS通过规范机场相关设施，大大提高了场面运行的安全性。1974年，ICAO提出SMGCS的概念与具体需求。1986年ICAO出版了第一套SMGCS运行手册(DOC9476)[45]。20世纪90年代，欧洲、美国开始研究比SMGCS更先进的技术，以解决在目视手段不再适用情况下的间隔保持问题，及在各类气象条件下如何保证机场的安全性、容量、效率等问题[46-47]。

与此同时，对机场场面航空器、车辆运行的监视技术也在不断发展，如为车辆、航空器安装定位装置以获取实时位置信息，或通过场面活动监视雷达(surface movement radar，SMR)进行目标探测，或通过广播式自动相关监视系统(automatic dependent surveillance-broadcast，ADS-B)及多点定位(multilateration，MLAT)方法获取监视信息[48]。场面监视及辅助决策系统可融合SMR、ADS-B等多类型的监视信息，在自动化设备上显示机场机动区、活动区范围内的航空器及车辆位置信息，还包括起落航线以及机场周边第一等待高度层以下的空中航空器的位置及高度信息，以上监视信息将被叠加在机场背景地图、跑滑结构图、飞行区空域图上来进行动态显示，并且这些系统会给出冲突或跑道侵入告警信息[49-50]。

2004年，ICAO发布了比较完整的高级场面活动引导及控制系统（advanced-surface movement guidance and control system，A-SMGCS）指导手册（DOC 9830），规范了A-SMGCS概念、基本功能，并提出了A-SMGCS分级概念[51]。2004—2008年，欧洲启动了基于A-SMGCS的欧洲场面管理（European movement management by A-SMGCS，EMMA）项目，美国开始启动研究机场场面探测设备-模式X（airport surface detection equipment-model X，ASDE-X），并逐步将A-SMGCS纳入了单一欧洲天空空中交通管理（single European sky air traffic management research，SESAR）和美国下一代航空运输系统（next generation air transportation system，NextGen）。2012年，ICAO在ASBU中对A-SMGCS进行了详细规划：①2013—2018年完成技术模块B0-75（场面运行的安全性和效率），提供机场内航空器、车辆活动的监视和告警，改善跑道/机场的安全性，可采用场面的ADS-B进行监视，该功能对应A-SMGCS系统的L1和L2级别；②2023—2028年完成技术模块B2-75（优化场面路由和安全效益），提高场面运行效率，减少环境影响（即使在低能见度下），优化跑道使用，缩短滑行时间，减少低能见度对场面运行的影响，该功能对应A-SMGCS系统的L3和L4级别。

A-SMGCS系统能有效实现场面运行监视和引导控制，但由于造价过高且建设周期长，一些跑道、滑行道结构简单，在预算较少的机场并未安装此系统。为防止跑道侵入，美国采用了跑道状态灯（runway state lamps，RWSLs）系统[52]。2016年，国际民航组织发布《国际民用航空公约》附件14卷Ⅰ《机场—机场设计和运行》第7版，其中增加了跑道状态灯的相关技术要求。跑道状态灯系统是一种智能的、全自动的助航灯光系统，可以向飞行员和车辆驾驶员提供跑道占用情况的态势感知，是防止发生跑道侵入不安全事件的一种有效的新型技术手段。美国从2005年开始研发跑道状态灯，经过多年的研究和运行，相关技术已经趋近于成熟。全球目前已有20余个大型枢纽机场应用了跑道状态灯系统，欧美等国家在相关领域已有多年的运行经验。该系统由多组安装在跑道内的状态灯光组成，根据安装位置分为起飞等待灯和跑道入口灯两种。若跑道用于起飞着陆，为防止跑道入口的航空器进入跑道，跑道入口灯将发红光来进行提示；如果跑道用于航空器或车辆运行，为防止跑道头航空器起飞，起飞等待灯将发红光来进行提示。该系统不需要管制员手动操作灯光亮灭，灯光提示是由系统全自动操作的。为能有效检测跑道是否被其他航空器占用的状态，实时评估并判断是否有潜在冲突，并提供视觉警报，该系统需要与其他跑道状态检测设备结合使用[53-54]。

除此以外，欧美等国家更新驾驶舱设备，面向飞行员提供场面运行、飞行中的目视参考或航迹引导，该技术在产生视觉混淆或者低能见度下使用。目前该技术应用于：利用平视显示器（head-up display，HUD）技术为飞行员提供运行环境显示[55]，利用电子移动地图（electric movement map，EMM）技术将地面状态及滑行路径信息显示在驾驶舱显示器上[56]。以上技术可实时向飞行员提供场面运行态势，其技术基础为 ADS-B、地面交通信息服务广播（surface traffic information service-broadcast，STIS-B）等自动化飞行情报服务与空地数据链系统[57-60]。

1.3.2 我国技术现状及发展

近年来，我国空中交通运输发展迅速，飞行种类丰富且飞行量大，各类机场不断增容扩建，导致滑跑结构及运行规则复杂度逐渐提高，这容易引起由于管制员监控不力或飞行员产生混淆而导致的机动区不安全事件发生。机场场面运行安全已成为大众的重点关注问题，也是行业研究热点。

2007 年，首都机场提出建设Ⅳ级标准的 A-SMGCS，国内开始逐步启动此系统的研究[61]。2012 年，A-SMGCS、SMR、MLAT 被纳入民航局行业许可范围。2014 年，民航局发布 MH/T 4042—2014《高级场面活动引导与控制自动化系统技术要求》[61]。2022 年 9 月，民航局发布 MH/T 6127—2022《跑道状态灯控制处理系统技术要求》[62]。一些研究机构尝试将地面交通或者人防工程领域使用的传感网络技术应用于机场跑道状态检测，但由于航空器运行环境特殊，该技术现有研究成果难以直接应用于机场，特别在跑道安全运行领域，还需要进一步地进行理论研究和技术更新，而且由于我国大型枢纽机场已经普遍安装了停止排灯[62]；停止排灯和跑道状态灯如何同时应用，如何避免潜在冲突与矛盾是今后研究的重点方向。因此 RWSLs 系统的实施与应用有一定难度。目前我国绝大部分机场仅采用机场塔台管制员目视航空器来监视其运行过程，发布指令来控制航空器推出、开车、滑行、起飞及着陆等关键程序以保障机场场面运行安全。当能见度降低时，管制员无法直接目视航空器，只能依靠飞行员报告来确认其位置，这样，管制效率较低，运行风险较高[8,63]。

目前我国机场场面运行相关研究存在的主要问题包括：

(1) 仿真时忽略了管制员、飞行员意图对运行过程的影响。建设合理的机场场面布局，制定科学的运行规则及标准，需要对机场场面运行过程进行细致仿真，并量化分析各关键因素的影响。国外场面运行流程与我国机场管制规则差异较大，部分仿真工具难以直接应用于我国机场。而基于滑行时间最短、路径最短等目标函数构建滑行路由策略，忽略了管制员、飞行员对拥堵的判断和避让意图等关键信息[63]，从而导致仿真过程与实际运行存在较大差异。因此，应基于我国实际管制规则和运行程序，对机场场面运行过程进行抽象、仿真。

(2) 缺乏对特殊因素影响的场面运行风险评估技术的研究。目前对机场正常运行下的安全评估、风险控制能力评估的研究较多。但实际上机场机动区结构、恶劣天气影响、特种车辆与航空器混合运行等情况均对机场场面运行有较大影响[64-68]。因此，应针对航空器场面冲突频发问题和风险传播重点因素进行研究，评估机场场面风险控制能力，分析各关键影响因素，这对提高我国机场运行保障能力及安全水平具有关键作用。

(3) 缺乏对机场场面运行冲突多发地带识别、量化方法的研究。对机场场面运行进行安全管理是保障安全的必要环节，安全管理过程的关键步骤是识别、评估并管理危险源[69-70]。目前我国民航运行部门识别冲突多发地带的主要方法是基于经验调查统计，即对一线运行人员(包括飞行员、管制员、特种车辆驾驶员等)进行调查访谈，了解其工作经验和运行中存在的问题，对这些主观认知进行汇总分析，总结归纳问题，从而得出意见，以此来对危险源进行“主观”识别；且对危险源等级的划分也基于问卷调查和统计以及不安全事件发生后的分析，缺乏先验工具及量化手段。

(4) 机场场面运行管理自动化程度低。在机场管制实施时，主要根据管制员目视航空器位置、运行状态来判断交通情况，估计态势变化，并采取管制措施，完成对场面运行的调配和控制。当机场交通流量较大、跑滑结构复杂时，管制指挥难度大且工作负荷大。近年来由于管制员遗忘动态、监控不到位造成的不安全事件时有发生。虽然已有部分机场采用了场面监视设备或者电子进程单系统[71-72]，但是主要管制业务，如冲突判断及解脱，还是由管制员人工计算并发布管制指令来实施。管制员监控、记忆、计算、发布指令等一系列工作连续并行，难以长时间保持较高的正确性和稳定性。

总之，我国机场场面运行管制、风险评估和安全管理还处于以经验为主、自动化程度较低的状况。随着飞行量的逐渐增加，管制负荷也逐步增加，这已对我国航空运输的持续和稳定发展造成阻碍。一些科研院校、机构、空管单位等均已展开了一些理论研究和应用验证工作，但距离形成自动化与智能化机场管制服务系统还有很多工作要做。

1.4 本书选题及内容结构

1.4.1 选题及主要研究内容

本书选题为“机场场面运行仿真技术和风险评估策略应用”，主要考虑如下：

(1) 作为终端节点，机场运行效率直接影响了空中交通网络的整体通行能力。随着我国空中交通的不断发展，民用航空机场大量增修扩建，但扩容效果不明显。同时机场场面运行复杂度增加，范围加大，使机场活动区拥塞及冲突等事件频发[73-75]。对机场场面运行相关技术进行研究，有利于减少航空器地面运行的延误，减轻管制员的工作负荷，提高整个空中交通的运行效率，因此有必要研究航空器机场场面运行的特性并仿真其运行过程。

(2) 再现或预演航空器运行过程是研究机场场面运行问题的重要环节。虽然国内外已有一些机场场面仿真系统或工具[76-83]，但国外的系统是针对国外的空域结构、管制方法等来进行研究和设计的，与我国空中交通管理现状有一定的出入。由于管制规则不同、建模重点不同，部分工具难以应用于我国机场管制运行环境。

同时，滑行时纵向间隔可由后机机长根据目视前机主动调整[63]，因此，航空器运行建模时应体现速度变化的随机性，应能反映飞行员的意图及操作特点。正是忽略了以上问题，一些仿真工具难以再现机动区内航空器运行时产生的慢启动、亚稳态及同步性等复杂交通特性。因此需基于我国空管规定和航空器实际运动特征，对机场场面运行建模仿真技术进行研究。

(3) 航空器滑行路径分配及冲突控制是机场场面运行的关键问题。滑行冲突探测也是机场管制自动化系统中重要的辅助决策工具，它综合利用各种实时信息、优化策略、管制规则、模型技术等，协助管制员判断航空器之间、航空器与车辆之间的风险状态和冲突趋势，并给出冲突解脱建议。随着近年来机场场面运行监视与控制系统在国外的成功应用，滑行冲突探测及冲突调配策略被认为是未来空中交通流量管理的重要部分，其发展前景十分广阔[61]。但目前相关研究中忽略了人员意图，因此需考虑滑行过程中管制员、飞行员和特种车辆驾驶员的冲突判断和避让意图，对机场机动区冲突控制策略进行全面深入的研究。

(4) 机场冲突多发地带划设能定位冲突或混淆多发区域，来提醒管制员、飞行员进行观察确认，有效防范滑错或产生冲突[13,84]。我国对机场冲突多发地带的研究起步比较晚，目前广泛采用经验法[63,85-87]。由于缺乏划设依据和标准，部分机场划设原则及管理程序差异较大，因此需建立一系列方法判断并识别运行冲突及混淆多发区域，并对已判别及定位的冲突多发地带进行量化评估并划分级别。该研究将对明确定位运行危险源，建立防止跑道入侵策略，提高管制安全运行水平，推动机坪管理移交工作，保障飞行安全等具有重要意义。

(5) 目前中国民用航空局大力推进机坪管理移交工作，大部分民航机场急需相关工具和软件来对机场运行效率和安全进行评估，以明确机坪移交前后风险源变化，防止因管制方式变更引发运行事故。因此研究适用于我国机场的航空器仿真运行与安全评估辅助决策工具，不但具有理论价值，还具有应用价值，也可推动我国空中交通管制体系的科学发展。

1.4.2 本书内容和结构

本书以航空器机场场面运行过程为研究对象，对空中交通管理中机场场面运行仿真、风险评估、冲突多发地带识别及管理策略进行了理论研究，完成了数学建模、算法设计、仿真实验。本书主要包括 5 章的内容。

第 1 章，绪论。主要介绍机场场面运行关键技术发展背景及意义、空中交通管理及机场场面运行技术，以及几个关键技术的定义、研究方法、国内外研究现状等。

第 2 章，机场场面元素及运行过程。介绍了机场场面运行的概念、机场场面各类元素结构特点及使用规则，详细介绍了离场、进场航空器，特种车辆与航空器混合运行等机场场面运行过程。

第 3 章，机场场面运行仿真模型。在我国机场管制规则基础上，分析航空器运动特征，构造航空器运动模型。对航空器机场场面运行过程进行抽象建模，构建推出演化模型、滑行演化模型、起飞降落模型。对以上模型进行仿真验证，对滑行道构型对机动区运行效率的影响，关键滑行道分配策略对跑道占用时间的影响，管制方式对起降间隔及跑道使用效率的影响等机场场面保障运行关键问题进行研究和分析。

第 4 章，场面运行风险评估和冲突识别。在我国机场管制规则基础上，分析航空器运动特征，构造航空器与航空器、航空器与车辆的冲突判断及量化评估模型。根据滑行道构型、航空器运动趋势、车辆避让规则等建立不同的冲突探测和量化评估方法，对不同状态下的航空器冲突概率进行动态评估并结合真实轨迹来分析冲突趋势和解脱方法。

第 5 章，冲突多发地带划设与分级评价。研究机场冲突多发地带定义及成因，考虑滑行混淆及冲突等因素，对滑行异常及冲突概率、冲突频率等特征值进行聚类分析，最终识别并评估机场冲突多发地带。利用繁忙枢纽机场的冲突多发地带划设实例验证和分析，分析对比划设方案的变化，并提出冲突避让策略和安全管理建议。

第2章

机场场面元素及运行过程

2.1 机场场面系统概述

机场是指存在于陆地或水面上的，能够实施航空运行，可为航空器提供起飞、降落、滑行、停驻、维护、补给以及具有飞行保障活动的场所[88-90]。机场是民航运输网络上的终端节点，也是航空运输航线的集散点。机场还能将空中交通与地面交通相连接，面向空中服务于航空器起飞和降落过程，同时面向地面服务于航空器的滑行、推出开车、拖曳和停放过程。厘清机场场面航空器运行过程，细化航空器在地面运行的各个阶段，结合管制规则、管制员和飞行员的操作习惯，分析航空器在机场场面运行时各要素作用及瓶颈效应，是研究机场场面运行优化相关技术的关键环节。

2.1.1 机场系统基本概念

根据我国航空运输业的发展情况，结合《"十四五"国家综合机场体系》，依据机场在航空运输网络中的作用，可以将我国运输机场划分为以下四种类型，如表 2-1 所示。

表 2-1 运输机场分类

分　类	标　准	举　例
门户复合型枢纽机场	国际、国内航线密集的复合型机场，年旅客吞吐量占全国旅客运输总量的 10%以上	北京首都国际机场、广州白云国际机场、上海浦东国际机场
枢纽机场	主要指八大区域枢纽机场，年旅客吞吐量占全国旅客运输总量的 3%～10%	重庆、成都等八大区域枢纽机场
小型枢纽机场	年旅客吞吐量占全国旅客运输总量的 0.5%～3%	深圳、南京等机场
非枢纽机场	航线以国内和省际为主，年旅客吞吐量占全国旅客运输总量的 0.5%以下	支线机场

机场系统是由人、机、环、管 4 个子系统组成的综合性复杂系统。机场划设于陆地上或水面上一定范围，包含管制塔台、航站楼等各种建筑物，通信、导航等装置和设备的各类区域的集合体，机场的全部或部分区域可为飞机起飞、降落、滑行和地面活动过程提供组织保障和运行场地[89]。机场是空中交通运输系统中的关键部分，是机场管制实施的重要运行环境。运送目标(包括客运、货运)是机场运行的核心，机场系统内各区域的各类功能及相关活动均以此为中心进行规划和分配。航空器在机场的运动范围包括空中及地面两种不同空间，具体分为三部分：飞行区、航站区以及进出机场的地面交通系统[90]。飞行区主要由跑道、滑行道、停机坪和机场净空区构成，是机场内用于飞机起降的空域及地面区域。航站楼、地面停车场设施等是飞行区与进出机场的地面交通系统的连接区域，这部分区域统称为航站区。其中，航站楼是乘客和货邮办理出发、到达手续，进行安全、海关等检查的场所，航站楼的出发区域与停机位、机坪、停驻航空器相连，到达区域与离开机场的地面交通系统相连。进出机场的地面交通系统是乘客、货邮等离开、到达机场的交通运行的集合体，根据机场规模及位置可包括连接至航站楼的道路、轨道交通或水运码头。

机场系统各区域具体功能结构如图 2-1 所示。飞行区的地面区域是航空器在地面的主要活动范围。其中，机场场面是指供航空器起降、滑行、停放的区域，包括跑道系统、滑行道系统、停机坪系统，也称为机场活动区。机场场面运行是指航空器在飞行区地面部分的运行过程。

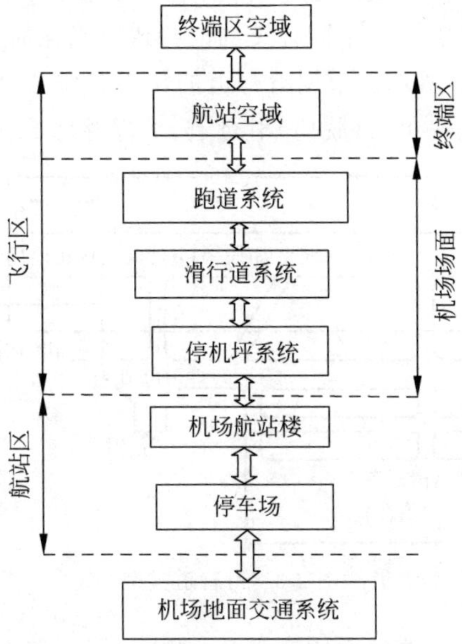

图 2-1　机场系统组成示意图

2.1.2 机场场面元素

1. 跑道

跑道是机场系统中最繁忙的带状区域，跑道的使用是机动区地面运行中最重要的环节。跑道是指陆地机场场地上划定的一块矩形范围，该区域可供航空器起飞、降落及滑跑使用。跑道入口是指可用于着陆的那一部分跑道的起始端[89]。图 2-2 所示是一条跑道及其延伸的区域，跑道一端有平行线段标志涂漆的部分是该跑道的入口。

图 2-2 跑道

一般来讲，跑道的结构类型取决于跑道的数量和方位。跑道的数量主要取决于空中交通量的大小。跑道的方位主要取决于风向、场地及周围环境条件。跑道的结构形式由单条跑道、平行跑道、交叉跑道和开口 V 形跑道等基本构形组成。

2. 滑行道

滑行道是飞行区中供航空器地面运动使用的通道，即在机场场面上设置的为机坪、机动区、跑道等各部分之间建立连接，且供航空器滑行、拖曳的通道[89]。各机场将根据实际运行要求设置不同种类的滑行道以确保航空器地面运动过程的安全性和高效性，如图 2-3 所示。根据滑行道的作用和位置，滑行道分为进口（出口）滑行道、旁通滑行道、快速出口（脱离）滑行道、平行滑行道、联络滑行道等。

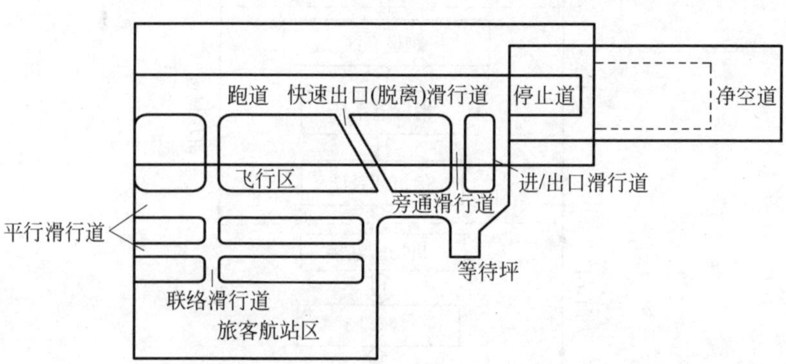

图 2-3 滑行道类型

为详细说明各类滑行道的作用和结构，表 2-2 给出不同滑行道的常见位置和作用。

表 2-2　滑行道不同类型结构说明[89-90]

序号	滑行道类型	结构及作用
1	进口(出口)滑行道	进口滑行道设在跑道端部,供航空器进入跑道起飞用。着陆时航空器可从此滑行道脱离跑道,因此该滑行道亦作为出口滑行道
2	旁通滑行道	旁通滑行道设在跑道端进口滑行道附近,航空器沿旁通滑行道进入或脱离跑道
3	平行滑行道	指平行跑道和距离较长的滑行道,简称平滑
4	联络滑行道	联络滑行道是指各滑行道之间、滑行道与机坪之间的过渡连接的滑行道
5	快速出口(脱离)滑行道	快速出口或脱离滑行道,供着陆航空器脱离跑道使用

其中,进口(出口)滑行道通常处于相同位置,位于双向运行的跑道入口端或末端,根据进入、离开跑道的功能划分为进口、出口两种。旁通滑行道主要供航空器离开跑道或进入跑道使用,例如已进入跑道准备起飞的飞机若无法起飞,则可经过旁通滑行道就近离开跑道。若原有的进口滑行道无法使用,也可安排准备起飞的航空器经由旁通滑行道进入跑道,部分枢纽机场在早高峰时段交替使用进口滑行道和旁通滑行道以实现跑道外放行排序。平行滑行道是指平行跑道和距离较长的滑行道,简称平滑[90]。平行滑行道一般多见于大、中型机场,由于滑行时避免出现逆向运行,通常设置双平行滑行道,即建设两条单向运行的平行滑行道以实现逆向运行分离,如图 2-4 所示,靠近跑道的平滑也称为主滑行道,可供准备起飞的航空器排序等待使用。联络滑行道是指各滑行道之间、滑行道与机坪之间的过渡连接的滑行道,简称联络道[90]。支线机场通常只设一条从站坪直通跑道的联络道,该联络道也是入口滑行道或脱离滑行道。联络道多见于大、中型机场的双平行滑行道之间,通常与平滑成 90°,可用于航空器从两条平滑之间进行位置转移。

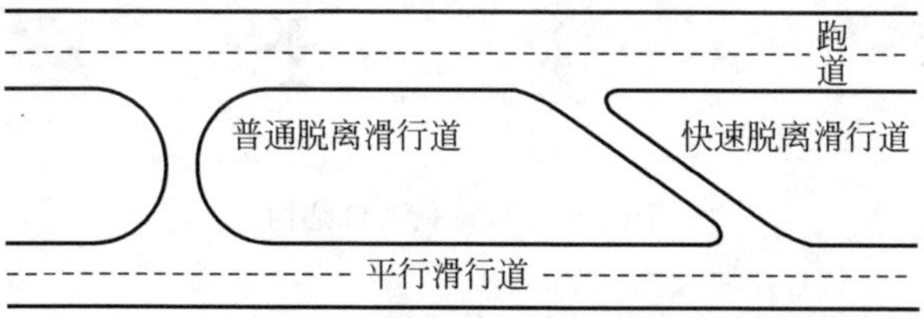

图 2-4　平行滑行道位置说明及脱离滑行道构型比较

脱离滑行道是出口滑行道的一种,航空器降落后经减速由脱离滑行道离开跑道,因此脱离滑行道位置及构型对着陆航空器脱离跑道效率影响很大。目前,按照与跑道形成的夹角不同,脱离滑行道可分为快速脱离滑行道和普通脱离滑行道。如图 2-4 所示,普通脱离滑行道与跑道成直角,航空器需进行 90°转弯再滑入脱离滑行道。而快速脱离滑行道,也称为快速出口滑行道,其滑行方向与跑道运行方向形成的夹角小于 30°[91]。飞机滑出跑道所需的角度偏转越小，转入脱离滑行道的速度越大，脱离效率越高。在实际运行中，管制员分配脱离滑行道取决于其降落滑跑冲程结束后的位置，该位置与航空器机型、进场速度、着陆冲程减速度、脱离最大速度等密切相关，而以上速度由地面风向及风速、跑道刹车效应等因素综合决定。因此流量较大的机场为减少降落飞机跑道占用时间，常在跑道中部设置多条快速脱离道，以确保航空器能就近快速离开跑道。

滑行道是供航空器滑行的通道，是衔接机场场面各个区域的连通要素。机场建设各种构型的滑行道以使跑道、停机坪等机场飞行区各部分相连接[91]。由于结构和布局不同，滑行道构型分类较多，根据是否产生交叉结构可将滑行道分成直线段和交叉口两种。根据不同的运行方向，可将滑行道分为单向运行和双向运行两种。航空器在单向滑行道中运动方向一致，滑行时需满足纵向间隔[92]，部分机场将一些联络道设置为单向，来形成场面运行单向循环，以防止出现对头冲突而形成阻塞。双向滑行道虽然可以双向运行，但容易造成冲突和阻塞，在实际管制过程中，当顺向滑行的飞机离开该滑行道后，管制员才会许可逆向滑行的航空器进入该滑行道。

滑行道之间、滑行道与联络道之间以一定的角度交叉相连，从而形成多个滑行道的会合区域，该区域称为滑行道交叉口[90]。大型机场交叉口类型较多且交通活动复杂，通常以交会处滑行道数量命名类型，例如 3 路交叉口、4 路交叉口等，当交会滑行道数量超过 4 时，可统称为多路交叉口。其中，3 路交叉口根据形状不同可分为 T 形交叉口、Y 形交叉口，同样十字形交叉口、X 形交叉口也是同属于 4 路交叉口的不同结构，图 2-5 所示为各种交叉口结构。目前我国民航机场滑行道构型中，3 路 T 形交叉口、4 路十字形交叉口是较为常见的交叉口构型。

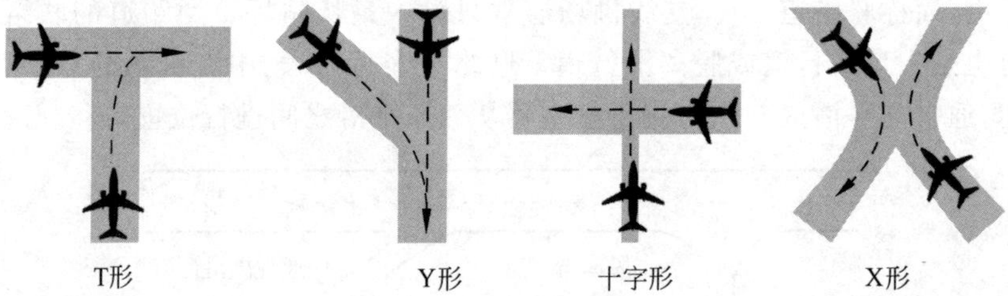

图 2-5　不同交叉口结构

3. 停机坪

停机坪是机场场面的一部分，包括外围活动区域、机位、机坪内滑行路段，是特别划分出来以供飞机停驻及进行维护、开车、除冰等各种保障活动的区域[90]，如图 2-6 所示。机坪外围活动区域是指供航空器进入、离开机坪的活动区域，即机坪附近的滑行道、滑行线及与滑行道连接的交叉口；机坪内滑行路段是指航空器在机坪内的滑行指示和通道，航空器可沿该路段从机位进入外围活动区。机场各个机位位于不同停机位区域，且用唯一的机位号进行区别。管制员可利用指定停机位号来给航空器分配停机位。一些机场的停机坪还辅助建有站坪及货机坪，为了方便航空器滑行穿越机坪，或在调整机位时按规定路线在停机位之间、航站区之间滑行、拖曳，还配套建设了货机坪和机位滑行道。

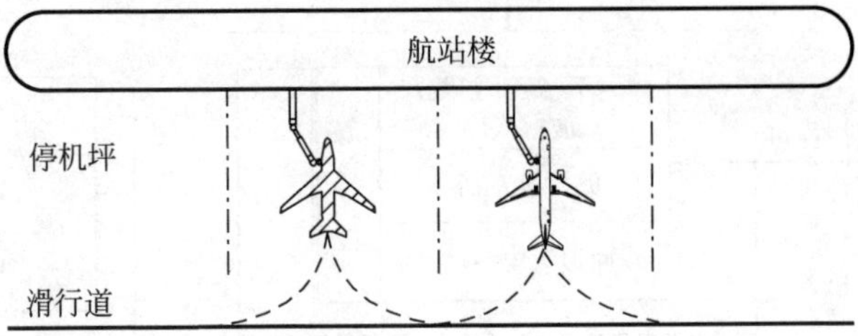

图 2-6　停机位示意图

2.2　航空器场面运行过程

航空器地面运行时在不同区域顺序完成多项作业，下面以离场和进场航空器接受的保障服务流程为主线，介绍航空器场面运行程序。

2.2.1　离场航空器运行过程

如表 2-3 所示，离场航空器保障服务分为 9 个步骤。

表 2-3　离场航空器保障服务步骤

步骤	保障服务	提供者
1	机务放行	机务
2	签派放行	签派员
3	空管放行	塔台管制员
4	航空器推出	塔台管制员、机坪管制员、拖车司机
5	航空器开车	塔台管制员、机坪管制员、机务
6	地面滑行	塔台管制员、机坪管制员
7	进入跑道	塔台管制员
8	滑跑起飞	塔台管制员
9	管制移交	塔台管制员、进近管制员

航空器在机场场面的运行程序由机场管制塔台负责指挥，图 2-7 给出了管制指挥各个环节的信息交互过程和关键指令。如图 2-7 所示，航空器在机场场面运行的关键步骤包括空管放行、推出开车、滑行、进入跑道及起飞等[89]，具体分为以下 3 个部分。

1. 获取放行许可

机场管制塔台将协调、通报修改相关飞行计划，并依据最新飞行计划、标准离场程序向航空器发布空管放行许可；发布本场气象情报，或及时更新自动终端情

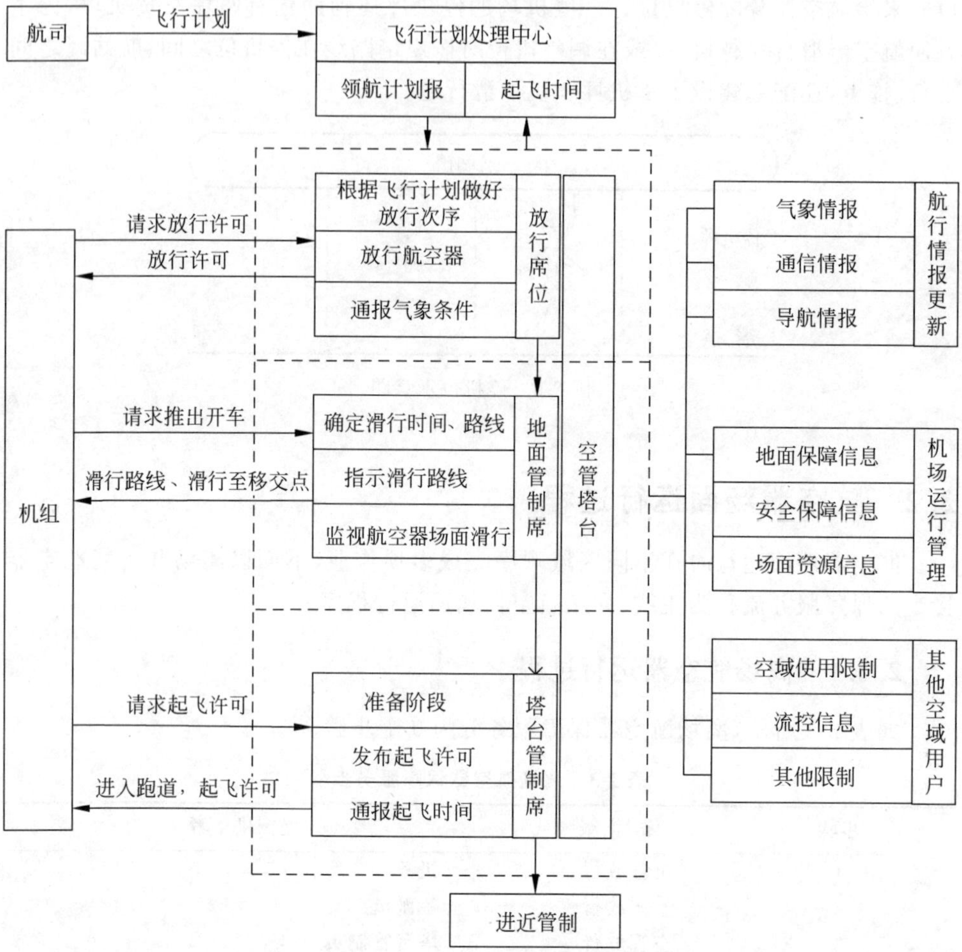

图 2-7　航空器离场运行程序

报服务(automatic terminal information service，ATIS)系统的相关信息；记录航空器关舱门、撤轮挡时间，并利用机场协同决策系统为多架航空器进行离场排序，同时发布预计起飞时间等。部分大流量机场管制塔台设置放行许可席位来负责以上工作。

2. 航空器推出、开车及滑行

当航空器驾驶员已准备好推出、开车、滑行时，管制员会根据飞行计划、离场顺序和相关空域内航空器飞行限制情况和当前位置等信息，决定开车次序，指示航空器推出方向及机头方向。是否同意驾驶员开车，取决于该航空器与有关管制区(主要是本机场所在的进近管制区及区域管制区)及机场管制区范围内有关航空器的冲突情况，如果不能同意立即开车，为了便于空中交通管制员制定预案，同时避免在地面等待中消耗燃油，管制员应通知该航空器驾驶员预计起飞时间。

当航空器推开完毕并请求滑出时，管制员应向该航空器指明其具体的滑行路线。在航空器运动过程中，管制员将不间断地监视航空器运行态势，控制滑行速度和顺序，调配滑行冲突，减少滑行中断次数和地面等待时间，同时管制员还负责对机动区内的人员和车辆进行监视和控制，以防止产生运行冲突。此外，还要对滑行路线和等待时间微调，控制到达跑道头时间。根据其他航空器的预计进场时间、预计离场时间控制跑道穿越时机。飞行员则需保持守听管制频率，观察助航灯光，判断所处位置，建立情景意识[63]。部分大流量机场管制塔台设置地面管制席位来负责以上工作。若机场已实施机坪管理移交，则移交至机坪塔台的区域内航空器的推出、开车、滑行由机坪管制员进行指挥。具体业务流程与空管塔台地面管制席一致。

3. 航空器进入跑道及起飞

如图 2-8 所示，当航空器经滑行到达起飞跑道外等待位置时，塔台管制员观察跑道和起落航线五边上航空器飞行位置等，在跑道空闲且间隔符合规定的情况下许可航空器进入跑道并发布允许起飞指令。根据机场管制规定，起飞航空器在得到进入跑道指令后穿过跑道外等待点并进入跑道，在跑道入口处进行 90°转弯并对准跑道中心线等待，在得到“可以起飞”指令后可以开始起飞滑跑、起飞，直至飞越跑道末端[89]。

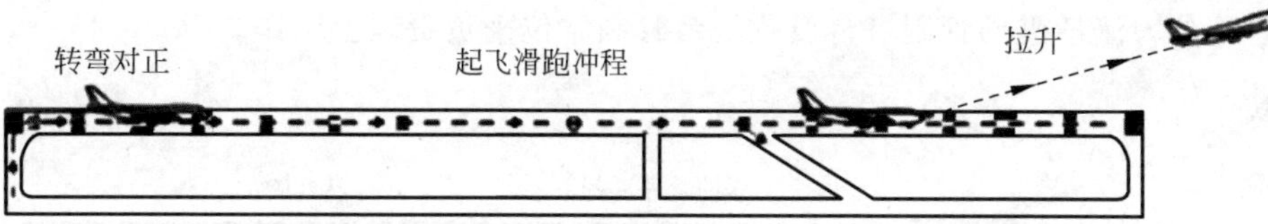

图 2-8　航空器起飞过程

当飞行员做好起飞准备并得到指令时，航空器可以占用跑道来进行起飞滑跑。飞行服务中心或者飞行计划统一处理中心通过报文拍发等方式向其他空中交通服务单位通报飞机起飞动态信息，当航空器到达一定高度时，塔台管制员将管制权限移交给进近管制单位。部分大流量机场管制塔台设置塔台管制席位来负责以上工作。

由此可知，离场航空器在机场场面运行过程中，依次经过不同的机场场面元素，运行状态也不同，并交由不同席位的管制员指挥，接受不同的管制指令。当航空器经过指定位置时，不同席位管制员通过管制移交程序，移交航空器的管制权限。

2.2.2　进场航空器运行过程

进场航空器获得着陆许可后可继续下降，直至降落至跑道，经过减速滑跑后航空器可经由脱离道或联络道离开跑道，同时由降落状态转为滑行状态，并进入滑行道系统。如表 2-4 所示,进场航空器运行过程可分为 7 个步骤。

表 2-4 进场航空器运行过程

步骤	保障服务	提供者
1	管制移交	进近管制员、塔台管制员
2	降落	塔台管制员
3	脱离跑道	塔台管制员
4	机位分配	现场指挥、机坪管制员
5	地面滑行	塔台管制员、机坪管制员
6	停驻机位	机务
7	下客、清洁	客舱服务

其中,进场航空器机场场面运行程序分为着陆、脱离跑道、滑行及停驻过程[89],具体为:

1. 航空器着陆及脱离跑道

如图 2-9 所示,若满足着陆条件及运行规定,管制员发布着陆许可。管制员应密切监视落地的航空器与其他相关航空器的相对位置,以防止出现跑道侵入。航空器接地后开反推,进入落地减速冲程,当减速至 50 km/h 时,着陆减速过程结束,管制员指令航空器就近脱离跑道。航空器按照脱离程序经由规定的滑行道脱离跑道。部分大流量机场管制塔台设置塔台管制席位来负责以上工作。

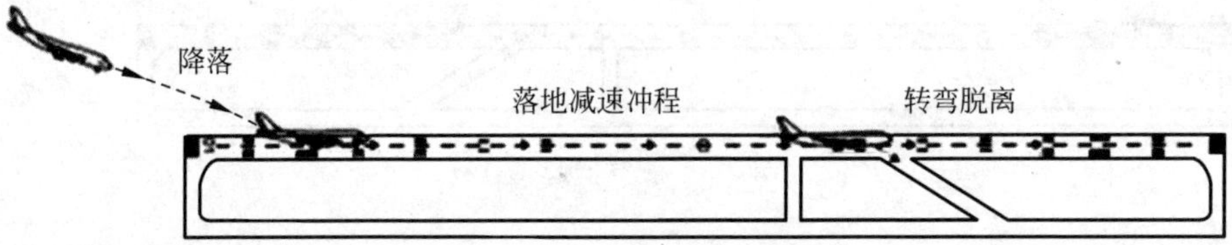

图 2-9 航空器着陆及脱离过程

2. 航空器滑行及停驻

航空器接到管制员的滑行指令后开始滑行,该指令指明其具体的滑行路线及停机位,其中停机位信息来自机场现场指挥中心。管制员密切监视航空器滑行全过程,调配滑行冲突和间隔,以减少滑行拥堵。部分大流量机场管制塔台设置地面管制席位来负责以上工作。若机场已实施机坪管理移交,则移交至机坪塔台的区域内航空器滑行和停驻由机坪管制员进行指挥。具体业务流程与空管塔台地面管制席一致。

由此可知,进场航空器在机场场面运行过程中,先后经过跑道、滑行道、机坪等不同元素,由不同席位的管制员负责指挥,与离场航空器运行过程相同,管制员通过管制移交程序,移交航空器的管制权限。图 2-10 为航空器进场运行程序,给出了管制指挥各个环节的信息交互过程和关键指令。

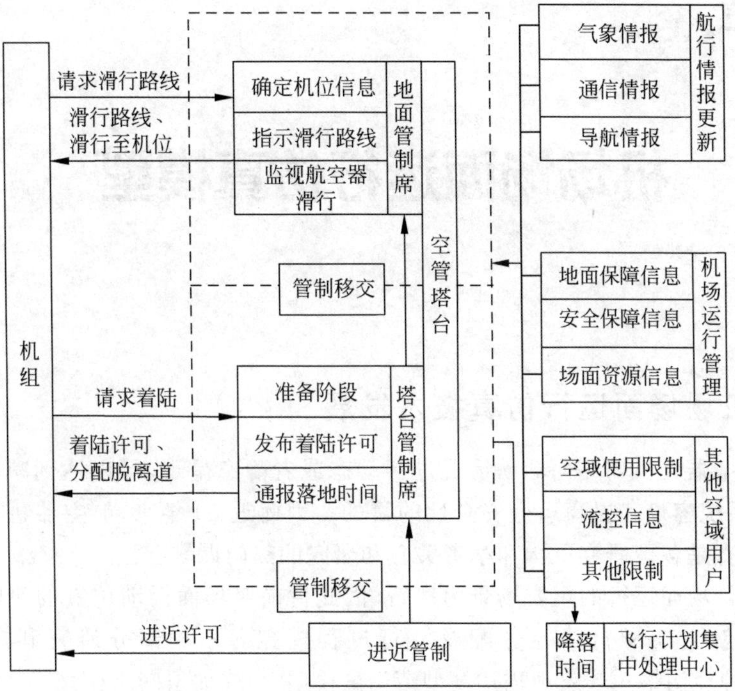

图 2-10　航空器进场运行程序

第3章

机场场面运行仿真模型

3.1 机场场面运行仿真技术发展

对航空器在机场场面活动情况进行动态或者静态呈现，可以达到减少运行冲突、增加系统容量和提高运行安全性的目的。因此近 20 年来，航空器机场运行仿真技术一直是各国研究机构和学者关心和研究的热门课题。

航空器场面运行的主要场景为滑行，因此目前对场面活动仿真的研究集中于机动区内航空器滑行路径分配及滑行过程模拟[93-111]，部分研究利用数学模型[93-94]、神经网络[95]、宏观描述模型[98]、微模型[99]或抽象网络模型[100]来推测滑行系统或机动区的交通流变化，优化滑行时间。这些方法仅关注航空器滑行起止时间，忽略了滑行过程，同时，由于场面交通流分布与航班时刻[93]、飞行计划[96]信息密切相关，因此以上方法适用于运行稳定的机场。部分研究面向航空器滑行中各滑行道资源占用及分配，例如，朱新平等[101]基于 Petri 网与遗传算法对航空器滑行初始路径进行规划与指派；张佳等[102]针对航空器地面滑行过程中出现的冲突避让问题，提出基于 Agent 的航空器滑行避让过程建模；唐勇等[103]以 A-SMGCS 的引导功能为基础，提出了基于空闲时间窗和多 Agent 的 A-SMGCS 航空器滑行路由规划模型。以上研究方法均以优化机场场面关键资源(跑道、滑行道、交叉口等)占用时间顺序为核心，将关键资源抽象为库所等元素，合理分配资源使用时间和顺序，优化航空器滑行路径[104]。部分研究基于障碍物避让[105-106]、滑行冲突最小[107-108]、路径最短[109-110]、燃油消耗最少[111-112]等目标函数构建模型，给出的滑行路径分配方案与实际管制方案存在一定差异。以上模型均将飞行员作为滑行路径选择的主体，按照地面交通流自主寻径思路构造航空器滑行路径规划模型，而机场场面运行的航空器由管制员统一指挥，管制员统一分配滑行路径，航空器在滑行时若需要避让冲突或拥堵，也应得到管制员指令[92]。同时，传统滑行仿真建模对航空器滑行过程的描述较简单，多利用跟驰模型、简单运动学模型并根据分配的滑行路径、到达关键道口的时间来推算航空器滑行速度变化。但实际上滑行位置、速度变化应符合同步性，多架航空器同时在机场机动区滑行，其速度、位置同时变化会造成拥挤、冲突，同时飞行员的观察、判断和调速操作也对滑行过程产生较大影响。因此本章基于元胞自动构建航空器场面运行仿真模型,将航空器抽象为元胞,定义速度变化规则,以体现位置、状态的动态变更与航空器间的相互影响,并模拟航空器的加速、减速、停止及多架航空器跟随滑行的慢启动行为。

目前国内航空器机坪运行研究较少,且多针对机坪资源分配、冲突探测和节能减排等方向[112-119],例如,王湛等[113]提出航空器场面滑行速度与油耗研究方法;杨磊等[114]针对大型繁忙机场场面结构特性,对离场交通流拥堵特征进行了分析;赵向领等[115]考虑航班延迟推出,提出推出时间优化策略,并分析了虚拟队列长度灵敏度;杨磊[116]根据着色 Petri 网理论对机坪区域进行离散化建模,对机坪冲突控制方法进行了研究;Desai J 等[117]提出基于混合惩罚的动态推出控制策略,交换滑行道排队与机位等待,以缓解机坪拥堵;贾媛等[118]定义优先级优化滑行路径;薛清文等[119]的建模分析研究了枢纽机场滑行特性。以上方法虽建立了机坪运行的基本模型,但研究重点为机坪资源优化、减少航空器开车等待时间、提高机坪运行效率等,模型中尚未体现出航空器机坪运行中速度、位置变化等细致运行状态,且大部分研究仅针对机坪运行,并未综合考虑航空器的推出、滑行过程,研究成果与实际运行有一定差距。而本章描述的元胞自动机推出模型定义了推出程序元胞,构造推出避让规则和速度演化规则,该模型并非将推出过程分离,而是将航空器滑行阶段与推出阶段结合起来进行讨论。

在构造理论方法的同时,部分学者研究了机场场面运行仿真的可视化方法[99,101,103,120-132],例如,利用 Anylogic 进行二次开发,将航空器定义为活动对象,实现航空器场面运行仿真[99,101,103],该方法多用于航空器滑行路由规划。由于 Google Earth 能提供多种场景描述的 GIS 数据,所以许多研究者尝试将 Google Earth 作为航迹仿真平台,利用该系统提供的 COM API 接口进行二次开发。首先采用固定格式的 KML 语言来描述包含高度、经纬度的飞行航迹,然后将轨迹与地形数据、卫图数据和航图数据等进行集成显示,以实现全球任意位置上的三维航迹再现显示[120-121]。以开源的能提供飞行及空域场景的模拟飞行器作为仿真平台来进行二次开发,如 Flight Gear 等[122,124,126-127],以实时更新的广播式自动相关监视数据为驱动,设计机场场面活动三维仿真系统。或者通过 CPNTools 等[123,125]系统运动学软件进行仿真验证并实现可视化操作。以上方法虽然能实现机场场面动态、静态运行,能开放接口以供二次开发,提供不同属性的对象定义,实现复杂路网及运动状态[128-129],但以上工具操作复杂,建模过程长[130-132],且存在部分平台开放接口有限,路网建立后无法实现动态变更,部分动态随机事件(管制指令、飞行员调速、机位分配[132-133]等)难以再现等问题。

在细致分析了航空器场面运行不同阶段特点的基础上,本章细化航空器运行各个阶段,构建航空器场面推出、滑行、滑跑、脱离、停放等细致运行过程的数学模型。元胞自动机[134-135]演化规则简单,可灵活设置限制及条件,便于程序仿真,且该模型演化过程具有同步性、相互作用局域性等特点,能体现出交通系统中的时间、空间离散化,因此,其仿真过程及结果能反映出多种交通流问题的特性。该模型广泛应用于地面交通研究,而在航空器场面运行中的应用较少,2013 年 Mori 等[136]针对大型机场滑行拥塞问题构造了元胞自动机模型,研究了部分机型在平行滑行道上的滑行演化。2016 年,杨凯和康瑞[137]构建了航空器滑行及起降元胞自动机模型,对机场起降间隔进行量化。2018 年,张红颖等[138]和 Mazur 等[139]利用 Nash 模型构建了航空器场面滑行元胞自动机模型,并对简化滑行过程进行仿真分析。2001 年出现的名为地场模型(floor field model)的一类元胞自动机模型用于模拟行人的避让及路径选择行为,众多学者在其基础上对元胞尺寸、路径选择等方面进行了改进[140-142],但并未将该方法应用于机场交通流中。

鉴于此,第 3 章基于元胞自动机建立航空器运动模型,包括推出模型与滑行模型,将航空器及机场活动区运行要素抽象为元胞,将航空器位置、速度等变量定义为用元胞描述的无量纲参数,定义航空器推出、滑行速度、位置演化规则。通过程序设计实现仿真模型,对航空器场面运行过程进行仿真动态呈现,并对仿真数据和运行场景进行分析讨论。

3.2 元胞定义

3.2.1 机场场面元胞划分

航空器在机场场面运行时,将占用机位、推出程序、滑行道、跑道等资源,将这些元素抽象为元胞。因为航空器在同一条跑道、滑行道上运动时不会产生平行并排前进和侧向超越情况,所以可将机位、推出程序、滑行道、跑道视为长度为 n 的一维离散元胞链。

设跑道、滑行道由一列大小相等的元胞组成,每个元胞长为 L_{cell},宽为跑道、滑行道宽度。滑行道上的元胞分布如图 3-1 所示,从滑行道起始端至末端,以固定长度等分滑行道,将等分滑行道的点连接,形成下标为 $0\sim n$ 的滑行道元胞。各元胞链接形成的元胞链代表一条滑行道、跑道、推出程序。每一个时步,每个元胞的状态为:被航空器占据或者空闲。

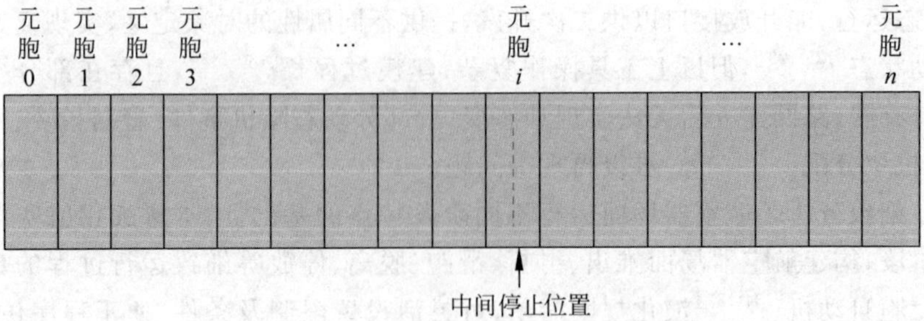

图 3-1 滑行道元胞划分及定义

对于每个元胞，采用多元数据组来描述其属性，包括元胞的位置、范围、元胞是否被占用、元胞内航空器滑行速度等信息。表 3-1 中的数据为滑行道元胞的主要参数。

表 3-1 滑行道元胞的主要参数

滑行道元胞	TaxiCell
滑行道名称	taxiwayname
滑行道分段序号	taxiwayindex
元胞序号	cellindex
元胞形状	cellpolygen
元胞中心	centerpoint
实时速度	curspeed
是否被占用	ifoccupied
航班呼号	fcallsign
是否等待点	ifHP
是否移交点	ifTF

将每条滑行道、推出程序、跑道抽象为一系列元胞的顺序集合，航空器在元胞链上的运行方向可按照下标从小到大及从大到小定义为{1,−1}两个方向。考虑到平滑、主滑等距离较长的滑行道与其他联络道有交叉，将滑行道进行细分，把有交叉口的滑行道分段处理，形成最小单位滑行道。

由图 3-2 可知，滑行道与滑行道、联络道出现交叉，元胞位置产生重叠，航空器处于交叉口时会同时占用两个不同滑行道上的元胞，航空器在最小单位滑行道仅有正向、逆向两个方向。如图 3-2 所示，B1_0_5 与 A_1_0 元胞位置重合，若有航空器按照图 3-2 中虚线滑行，机头先后经过元胞：B1_0_1、B1_0_2、B1_0_3、B1_0_4、B1_0_5、A_1_0、A_1_1、A_1_2、A_1_3，由此可判断航空器进入并占用下一条滑行道，其中在 B1_0、A_1 上的滑行方向均为 1。

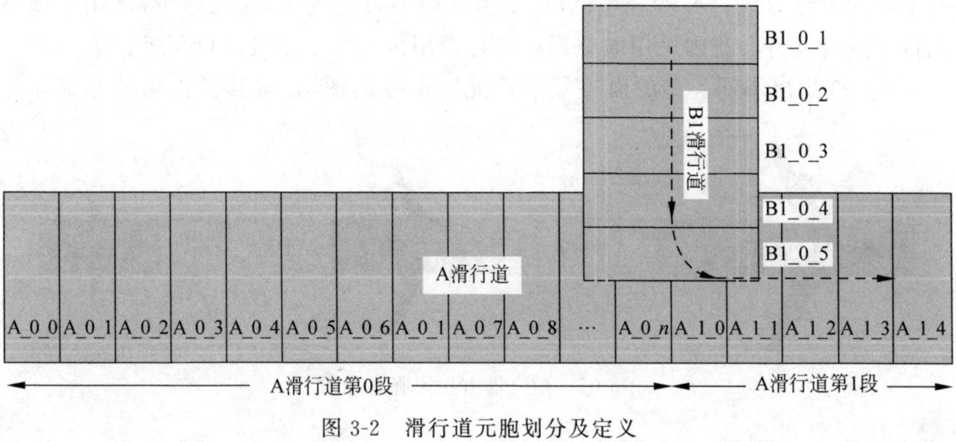

图 3-2 滑行道元胞划分及定义

3.2.2 元胞占用规则

本章利用元胞自动机模型构造机场场面运行模型，为将航空器占用跑道、滑行道的各阶段细节抽象出来，在 RECAT-CN 尾流等级划分基础上，考虑不同机型占用的元胞个数差异，将不同机型根据所占元胞的数量细分为 BIG、MIDDLE、SMALL 三种。表 3-2 给出航空器分类的说明。

表 3-2 航空器分类

机　型	尾流等级	分类	元胞数
A380-800	J	BIG	15
A300 系列、A330 系列、B747 系列、A340 系列、B787 系列、B777 系列、A350 系列	B		
DC10、DC85/86/87、MD11、T144、TU95、B767 系列 B737-900ER、B757-200、B757-200F、A320-100、A321-100、B737-400、B737-800、CRJ900、CRJ1000、ARJ21-900、EJet-190/195	C	MIDDLE	10
BAe146 系列、CRJ700、ARJ21-700、EJet-170/175、A318-100、A319-100、B737-300、B737-600、B737-700、MA-60、Y-7 等	M	SMALL	7

根据 RECAT-CN 尾流等级分类方法，最大起飞全重等于或者大于 136 000 kg，且翼展大于或等于 75 m 的航空器为 J 型，即为超级重型机；最大起飞全重等于或者大于 136 000 kg，翼展等于或者大于 54 m，且小于 75 m 的航空器为重型机，尾流标志符为 B，如表 3-2 所示。B 类飞机与 A380-800 同为 BIG 类，机身长大于 50 m 且小于或等于 75 m。最大起飞全重等于或者大于 136 000 kg，翼展小于 54 m 的航空器为一般重型机，尾流标志符为 C，为 MIDDLE 类。最大起飞全重小于 136 000 kg 且大于 7000 kg 的航空器，尾流标志符为 M，即为中型机，为 SMALL 类。表 3-2 中并未包含尾流等级为 L 的轻型机，这是由于轻型机航程短，座位数少，多用于训练飞行和通航飞行。我国民用航空运输飞行常用机型为中型机与重型机。

图 3-3 给出不同类型的航空器占用元胞个数的图示，将其已占用的元胞标为

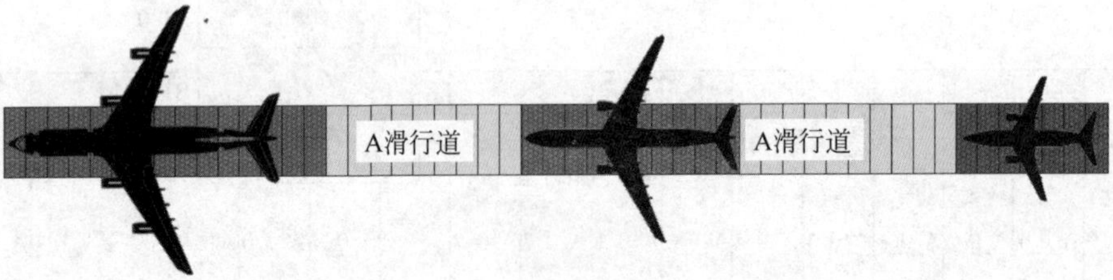

图 3-3 航空器占用元胞示意图

深色。图 3-3 中由左至右分别为 BIG、MIDDLE、SMALL 类的三架航空器在滑行道滑行，从机头所占元胞格点开始，分别占用 15、10、7 个元胞，若元胞长度为 5 m，则这 3 类飞机长度分别约为 75 m、50 m 和 35 m。

3.3 航空器推出元胞自动机仿真模型

设集合 $P=\{p_1,p_2,\cdots,p_m\}$为机场推出程序集合，设任意推出程序 $p_n(p_n\in P)$为离散的元胞链，若元胞个数为 N，则各个元胞位置为$\{\mathrm{XP}_1^n,\mathrm{XP}_2^n,\cdots,\mathrm{XP}_N^n\}$，每时步演化时，元胞状态为空闲或被占用。航空器按照长度不同分为 3 类，设 $v_{\max}^p$ 为最大推出速度；航空器 f_i 机身覆盖的元胞总数为 C_i；$\mathrm{XP}_i^n(t)$表示在推出程序 p_n 上 t 时刻 f_i 机头所占用的元胞位置，$\mathrm{XP}_i^n(t)\in\{\mathrm{XP}_1^n,\mathrm{XP}_2^n,\cdots,\mathrm{XP}_N^n\}$；$v_i^p(t)$表示 f_i 在 t 时刻的推出速度，$v_i^p(t)\in[0,v_{\max}^p]$，该速度以每时步前进的元胞数来描述。

由于机位只能停放一架航空器，因此一个推出程序上最多有一架航空器，定义 $N(p_n,t)$为 t 时刻推出程序 p_n 上的航班个数，则有 $N(p_n,t)=0,1$。

航空器推出过程应考虑推出后滑行方向是否冲突，即推出后航空器机头方向是否一致。航空器位于不同机位时，推出程序差异较大，部分廊桥机位由于距离较近推出受限[133]，例如构型为 U 形槽的机位。大部分机场塔台管制运行手册规定：位于 U 形槽内机位的航空器，一次只能推出一架，且在 U 形槽内航空器运行方向为单向；同时处于相邻位置 L 形机位的航空器在推出后处于同一条滑行道，因此该类型的机位推出后机头方向应保持一致，以免形成对头。由此可知，机位不同，推出方向不同，推出方向决定了后续滑行路线，因此本节考虑航空器相互影响，建立推出模型。

设 DT_i^n 为航空器 f_i 推出后在滑行道 T_n 中的运行方向，若 T_n 中有滑行航空器 f_j，应满足下式，以避免推出方向不一致：

$$\mathrm{DT}_i^n=\mathrm{DT}_j^n \tag{3-1}$$

设 CP_i 为航空器 f_i 避让后方滑行航空器而保留的安全间隔：

$$\mathrm{CP}_i=\begin{cases}0, & \text{无冲突}\\ C_i+\Delta\mathrm{PT}, & \text{有冲突}\end{cases} \tag{3-2}$$

式中，$\Delta\mathrm{PT}$ 表示推出航空器尾部与滑行道的间隔。

设推出程序连接滑行道 T_m，如果推出航空器后方无其他航空器，即满足 $N(T_m,t)=0$，或者 T_m 上的滑行航空器距离推出航空器较远，则认为两机无冲突，如图 3-4(a)所示，即满足$|\mathrm{XT}_j^m(t)-\mathrm{XP}_N^n|\geqslant\max(C_i,C_j)+\Delta\mathrm{CP}$，令 $\mathrm{CP}_i=0$；否则，为避免两机冲突，限制推出航空器推出，如图 3-4(b)所示，令推出航空器尾部与滑行道 T_m 有间隔 $\Delta\mathrm{PT}$。其中 $\Delta\mathrm{CP}$ 为冲突避让裕度，也可视为冲突观察范围。$\Delta\mathrm{CP}$ 较大时，较远滑行航空器会对推出航空器有影响，推出受限较大；$\Delta\mathrm{CP}$ 较小

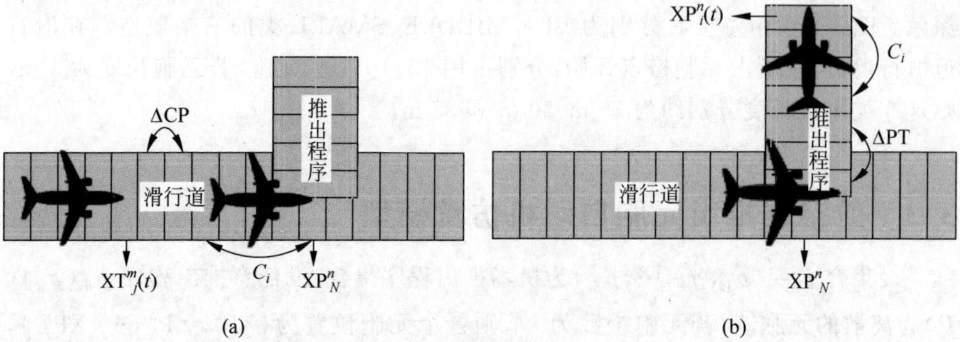

图 3-4 推出时安全间隔判断的两种情况

(a) 推出航空器优先；(b) 滑行航空器优先

时，滑行航空器较为接近时滑行航空器和推出航空器才相互影响，推出受限较小。

定义推出航空器 f_i 在 t 时刻的可用推出距离 $LP^n_i(t)$ 为

$$LP^n_i(t) = XP^n_N - XP^n_i(t) - CP_i \tag{3-3}$$

设航空器 f_i 在推出时初始时刻为 t_0，航空器停放于停机位，即该推出程序的第一个格点处，初始状态定义为

$$\begin{cases} XP^n_i(t_0) = XP^n_1 \\ v^p_i(t_0) = 0 \end{cases} \tag{3-4}$$

判断 t 时刻 f_i 是否能推出：

$$k \neq 0, k \in [1, K], N(p_{n\pm k}, t) = 1, XP^{n\pm k}_j(t) \in p_{n\pm k}, XP^{n\pm k}_j(t) \neq XP^{n\pm k}_1 \tag{3-5}$$

k 的取值由机位位置和机场推出规则决定。若式(3-5)成立，说明推出程序 p_n 附近有航空器推出，f_i 在机位等待，否则 f_i 可以推出。

推出演化过程为：①每时步按照推出规则计算更新推出速度；②每时步根据速度变化更新位置。

加速过程：

$$v^p_i(t+1) = \min(v^p_i(t) + 1, v^p_{\max}) \tag{3-6}$$

以概率 p^p_r 减速过程：

$$v^p_i(t+1) = \max(v^p_i(t+1) - 1, 0) \tag{3-7}$$

安全减速过程：

$$v^p_i(t+1) = \max(\min(v^p_i(t+1), LP^n_i(t)), 0) \tag{3-8}$$

位置更新：

$$XP^n_i(t+1) = XP^n_i(t) + v^p_i(t+1) \tag{3-9}$$

以上过程描述了航空器被拖车牵引离开机位时速度、位置演化规则，$LP^n_i(t)$ 是判断是否进行安全减速的关键变量，当 $XP^n_i(t+1) = XP^n_N$ 时，航空器推出过程结束，并以停止状态位于滑行道上。

3.4 航空器滑行元胞自动机仿真模型

设集合 $T=\{T_1,T_2,\cdots,T_m\}$ 为机场最小单位滑行道集合（包括平行滑行道、脱离道、快速脱离道、联络道等类型），任意滑行道 $T_n(T_n\in T)$ 为离散的元胞链，若元胞个数为 N，各个元胞位置为 $\{XT_1^n,XT_2^n,\cdots,XT_N^n\}$，每时步演化时，元胞状态为空闲或被占用。航空器按照长度不同分为 3 类。设 XM、XH、XHR 分别为中间停止位置、强制停止报告位置、跑道外等待点所在的元胞集合。设 $TY_i=\{DEP,ARR\}$ 标志进离场类型，Dep 表示起飞，ARR 表示降落，设 DT_i^n 为航空器 f_i 在 T_n 中的运行方向，$DT_i^n=\{-1,1\}$，其中 $DT_i^n=1$ 是指滑行方向为元胞序号增大的方向，$DT_i^n=-1$ 是指滑行方向为元胞序号减小的方向。设 $v_{\max}^{T}$ 为最大滑行速度，$v_{n,k}^{\text{turn}}$ 为从滑行道 T_n 转入 T_k 的最大转弯速度，$XT_i(t)$ 表示航空器 f_i 在 t 时刻机头所占用的元胞位置。若飞机在滑行道 T_n 上，$XT_i(t)\in\{XT_1^n,XT_2^n,\cdots,XT_N^n\}$，$v_i^T(t)$ 表示第 i 架航空器在 t 时刻的滑行速度，以每时步前进的元胞数描述：

$$v_i^T(t)\in[0,v_{\max}^T] \tag{3-10}$$

定义 $N(T_n,t)$ 为在 t 时刻滑行道 T_n 上的航班个数，则有

$$N(T_n,t)\geqslant 0 \tag{3-11}$$

设 $GT_{i,j}(t)$ 为航空器 f_i 与前方航空器 f_j 之间的元胞个数，即二者纵向间隔：

$$\begin{cases} GT_{i,j}(t)=|XT_i(t)-XT_j(t)|-C_j, & \text{同向滑行} \\ GT_{i,j}(t)=|XT_i(t)-XT_j(t)|, & \text{其他情况} \end{cases} \tag{3-12}$$

若 f_i 前方无航空器，令 $GT_{i,j}(t)\to+\infty$。根据空管规则，为避免受前机发动机喷流影响，航空器在滑行中应保持最小纵向间隔[92]，设此间隔为 ΔS，如图 3-5 所示，应满足

$$GT_{i,j}(t)-\Delta S\geqslant 0 \tag{3-13}$$

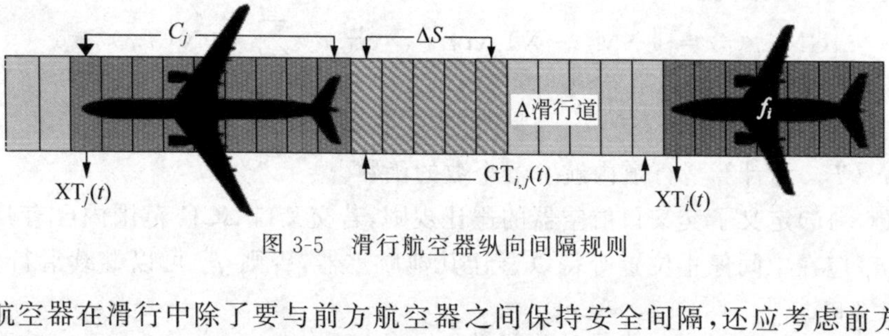

图 3-5　滑行航空器纵向间隔规则

航空器在滑行中除了要与前方航空器之间保持安全间隔，还应考虑前方元胞是否为强制停止报告位置。根据管制规定，航空器滑行到达此位置，机组必须进行位置报告，停止并观察以免滑错或者形成冲突，此类点将在机场 AIP 中进行公布。

由此定义 f_i 距离前方强制停止报告位置 XH_k 的距离：

$$GH_{i,k}(t)=\|XH_k-XT_i(t)\|,\quad XH_k\in XH \tag{3-14}$$

若已在此停止并报告位置，或此滑行道前方无强制停止报告位置，令 $GH_{i,k}(t)\to+\infty$。

根据机场管制中规定的航空器在对头、交叉冲突时的避让规则，定义了飞行员目视观察到冲突航空器时的规定操作与滑行停止位置。如图 3-6 所示，交叉相遇的两架航空器须提前发现冲突，并采取制动，在到达中间停止位置前停止，即航空器的停止位置不得越过该位置。滑行道上有停止线标志该位置，在滑行道侧也有停止等待点(holding point，HP)标志[91]。航空器避让冲突时是否减速，制动时减速度大小，与驾驶员发现冲突位置及当前滑行速度有关，因此应该综合考虑观察范围和速度的随机变化，定义航空器滑行演化规则及避让规则。

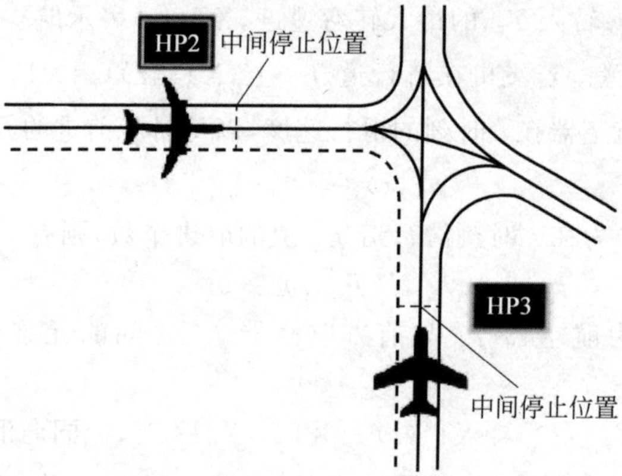

图 3-6　航空器滑行避让位置及规定

如图 3-6 所示，航空器在交叉口避让时，应在中间停止位置等待。设 TC_i^n 为 f_i 前方与 T_n 相连接的且距离小于 ΔCH(ΔCH 为滑行道中间停止位置与交叉口的距离)的滑行道集合，$TC_i^n\subset T$，$T_n\cap TC_i^n=\varnothing$。定义 $GM_{i,k}(t)$为 f_i 距中间停止位置 XM_k 的距离：

$$\begin{cases}GM_{i,k}(t)=\|XM_k-XT_i(t)\|, & 若 \sum\limits_{\forall T_k,T_k\in TC_i^n}N(T_k)\geqslant 1\\ GM_{i,k}(t)\to+\infty, & 其他\end{cases} \tag{3-15}$$

其中，$N(T_k)$为计算滑行道内航空器个数的函数。

式(3-15)定义了交叉口航空器的避让规则，若交叉口 ΔCH 范围内已有其他航空器，f_i 应在中间停止位置等待以避让其他航空器，否则 f_i 可以继续滑行，优先通过交叉口。

为防止在滑行道内形成对头，当 f_i 在转入下一条滑行道 T_{n+1} 前，应先判断 T_{n+1} 上航空器的运动方向，若存在反向运行，f_i 应在当前滑行道 T_n 的中间停止位置线前停止，直到反向运行的航空器离开 T_{n+1}。

$$\begin{cases} GM_{i,k}(t) = \| XM_k - XT_i(t) \|, & 若 XT_j(t) \in T_{n+1}, DT_j^{n+1} \neq DT_i^{n+1} \\ GM_{i,k}(t) \to +\infty, & 其他 \end{cases} \tag{3-16}$$

定义航空器 f_i 在 t 时刻的可用滑行距离 $LT_i(t)$ 为

$$LT_i(t) = \min(GM_{i,k}(t), GH_{i,k}(t), GT_{i,j}(t) - \Delta S) \tag{3-17}$$

$LT_i(t)$决定了下一时步航空器能滑行的最大距离，当 $LT_i(t)$较小时，航空器需要减速制动，当 $LT_i(t)=0$ 时，航空器减速为 0，停止，等待。

图 3-7 给出式(3-15)定义的交叉口避让规则，距交叉口 ΔCH 的元胞用阴影标识，f_i、f_j 分别在滑行道 T_n、T_m 上滑行，两机有交叉汇聚，若当前滑行道上均无前机，且不经过强制停止报告位置，即 $GH_{i,k}(t)=GH_{j,k}(t)\to+\infty$ 且 $GT_{i,i+1}(t)=GT_{j,j+1}(t)\to+\infty$，图 3-7(a)、(b)分别描述了两种避让与通行情况。

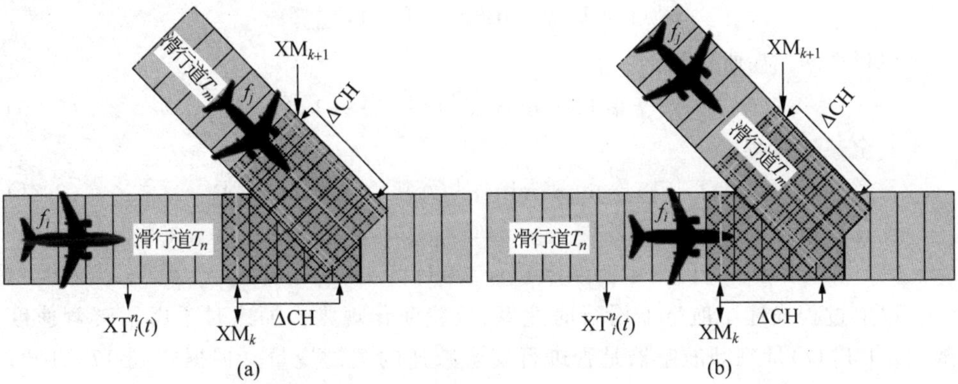

图 3-7 航空器滑行交叉冲突避让规则

(a) T_m 滑行道上的航空器优先；(b) T_n 滑行道上的航空器优先

图 3-7(a)中 f_j 位于阴影区，由式(3-17)，$LT_i(t)=GM_{i,k}(t)=\| XM_k - XT_i(t) \|$，而 $LT_j(t)\to+\infty$，f_j 优先通行，f_i 避让等待。图 3-7(b)中 f_i 进入阴影区，$LT_i(t)\to+\infty$，而 $LT_j(t)=GM_{j,k+1}(t)=\| XM_{k+1} - XT_j(t) \|$，即 f_i 优先通行，f_j 避让等待。

由此可知，利用式(3-15)可使仅一架航空器通过交叉口，其他航空器将在中间停止位置等待，符合实际管制规则。同时，距离交叉口较近且速度较大的航空器由于先进入阴影区域会优先通过，这使避让过程有一定随机性，能再现多架航空器交替依次通过交叉口的情况，且与实际运行中管制员、飞行员观察其他航空器位置来判断是否需要减速避让的情况一致。阴影 ΔCH 可代表观察范围。ΔCH 较大时，管制员、飞行员能较早观察到存在的冲突，提前判断并发减速指令或进行刹车；ΔCH 较小时，两机接近时才能发现冲突，这有可能导致紧急制动或危险接近。将

ΔCH 设为较小值可模拟在跑道低能见度下的运行，正常时应满足 $\Delta CH \geqslant \Delta S$。

设航空器 f_i 滑行初始时刻为 t_0，航空器停放于 T_n，机头位于元胞 XT_k^n 处，初始状态定义为

$$\begin{cases} XT_i(t_0) = XT_k^n \\ v_i^T(t_0) = 0 \end{cases} \tag{3-18}$$

滑行演化过程为：①每时步按照推出规则计算更新滑行速度；②每时步根据速度变化更新位置。

加速过程：

若

$$T_n \cap T_m = XT_k^n, \quad \| XT_k^n - XT_i(t) \| \leqslant v_{n,m}^{turn}$$

则

$$v_i^T(t+1) = \min(v_i^T(t)+1, v_{n,m}^{turn}) \tag{3-19}$$

否则

$$v_i^T(t+1) = \min(v_i^T(t)+1, v_{max}^T)$$

以概率 p_r^p 减速过程：

$$v_i^T(t+1) = \max(v_i^T(t+1)-1, 0) \tag{3-20}$$

安全减速过程：

$$v_i^T(t+1) = \max(\min(v_i^T(t+1), LT_i(t)), 0) \tag{3-21}$$

位置更新：

$$XT_i(t+1) = XT_i(t) + DT_i^n \cdot v_i^T(t+1) \tag{3-22}$$

以上过程描述了航空器滑行时速度、位置演化规则。加速时考虑了转弯速度限制。$LT_i^n(t)$是判断航空器是否进行安全减速的关键变量。根据式(3-17)可知，航空器可用滑行距离综合考虑了航空器与前方航空器是否满足安全间隔、前方是否经过强制停止报告位置、前方是否有需要停止以避让的对头或交叉冲突 3 个因素。

若 $TY_i = DEP$，当 $XT_i(t+1) = XHR_r$ 时，f_i 到达跑道外等待点，滑行过程结束。若 $TY_i = ARR$，当 $XT_i(t+1) = XP_1^m$ 时，f_i 停放至机位 m，滑行过程结束。

3.5 航空器起飞、降落元胞自动机仿真模型

设集合 $R = \{R_1, R_2, \cdots, R_m\}$ 为机场跑道集合，设任意跑道 $R_n (R_n \in R)$ 为离散元胞链。若元胞个数为 N，各个元胞位置为 $\{XR_1^n, XR_2^n, \cdots, XR_N^n\}$，每时步演化时，元胞状态为空闲或被占用。航空器按照长度不同分为 3 类。设 DR_i^n 为航空器 f_i 在 R_n 中的运行方向，$DR_i^n = \{-1, 1\}$。设 $v_{m,n}^{TR}$ 为从 T_m 转入 R_n 的最大速度，$v_{m,n}^{RT}$ 为从 R_m 转入 T_n 的最大速度，$XR_i^n(t)$为 t 时刻 f_i 的机头在 R_n 上所占的元胞，$XR_i^n(t) \in \{XR_1^n, XR_2^n, \cdots, XR_N^n\}$。定义 $FR_n(t)$为 t 时刻在跑道上起飞、降落

的航空器，若无航空器起降，$FR_n(t)=\varnothing$。

定义 $O(XR_k^n,t)$来表示 t 时刻元胞 XR_k^n 是否被占用，$O(XR_k^n,t)=0$ 或 1，0 表示不占用，1 表示占用。定义 $LR_i^n(t)$为 t 时刻航空器 f_i 在 R_n 的可用滑行距离：

$$LR_i^n(t)=\min(GL_i^n(t),GR_{i,j}^n(t)-\Delta S) \tag{3-23}$$

其中，$GR_{i,j}^n(t)$为 f_i 与前方滑行的 f_j 在 R_n 上的纵向间隔，此时二者均为滑行状态，跑道 R_n 可视为滑行道。可利用式(3-12)来计算 $GR_{i,j}^n(t)$；$GL_i^n(t)$为 f_i 对准跑道中线所需的滑行距离：

$$XR_k^n=T_m\cap R_n,\quad GL_i^n(t)=\| XR_k^n+DR_i^n\cdot C_i-XR_i^n(t)\| \tag{3-24}$$

根据 3.4 节的描述，离场航空器 f_i 到达跑道外等待点 XHR_n 时滑行结束。判断 t 时刻 f_i 是否能进入跑道：

$$\begin{aligned}&①\ 若\ FR_n(t)=f_j\ 且\begin{cases}DR_j^n=1,XR_j^n(t)>XR_k^n+C_j\\DR_j^n=-1,XR_j^n(t)<XR_k^n-C_j\end{cases};\\&②\ FR_n(t)=\varnothing,\ \sum_{m\in[1,N]}O(XR_m^n,t)=0;\\&③\ FR_n(t)=\varnothing,\exists f_j,XR_j^n(t)\notin[XR_k^n,XR_k^n+DR_j^n\cdot C_j]。\end{aligned} \tag{3-25}$$

以上 3 个条件的意义分别为：起降航空器是否经过进入跑道的联络道口(如图 3-8(a)所示)，跑道是否空闲，跑道上是否有准备起飞的航空器(如图 3-8(b)所示)。

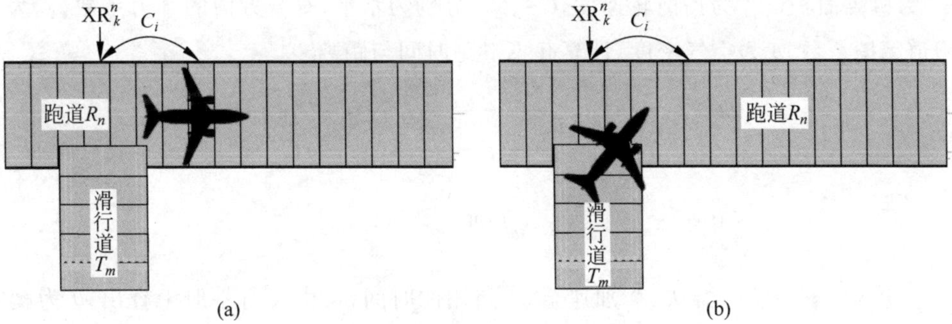

图 3-8 进入跑道条件判断

(a) 起降飞机与联络道口距离；(b) 跑道是否空闲

若以上条件均不满足，为防止跑道侵入，管制员不得允许 f_i 进入跑道，因此 $v_i^{T}(t+1)=0$。

若能满足式(3-25)中任意条件，航空器可进入跑道，定义允许 f_i 进入跑道指令的发布时刻为 $t_{i,\text{enter}}^{\text{DEP}}$，初始状态定义为

$$t=t_{i,\text{enter}}^{\text{DEP}},\quad XT_i(t_{i,\text{enter}}^{\text{DEP}})=XHR_n \tag{3-26}$$

航空器进入跑道演化过程为：①每时步按照推出规则计算更新滑行速度；②每时步根据速度变化更新位置。

加速过程：

$$v_i^{\mathrm{T}}(t+1)=\min(v_i^{\mathrm{T}}(t)+1,v_{m,n}^{\mathrm{TR}}) \tag{3-27}$$

以概率 p 减速过程：

$$v_i^{\mathrm{T}}(t+1)=\max(v_i^{\mathrm{T}}(t+1)-1,0) \tag{3-28}$$

安全减速过程：

$$v_i^{\mathrm{T}}(t+1)=\max(\min(v_i^{\mathrm{T}}(t+1),\mathrm{LR}_i^n(t)),0) \tag{3-29}$$

位置更新：

$$\mathrm{XR}_i^n(t+1)=\mathrm{XR}_i^n(t)+\mathrm{DR}_i^n\cdot v_i^{\mathrm{T}}(t+1) \tag{3-30}$$

当 $\mathrm{XR}_i^n(t+1)\geqslant\|\mathrm{XR}_k^n+\mathrm{DR}_i^n\cdot C_i\|$ 时，航空器已进入跑道并对准跑道，设 $t_{i,\mathrm{lineup}}^{\mathrm{DEP}}=t+1$。

当满足下式所示的条件时，航空器可进入起飞过程：

$$\mathrm{FR}_n(t)=\varnothing\quad 且 \sum_{m\in[1,N],m\notin[k,k+\mathrm{DR}_i^n\cdot C_i]} O(\mathrm{XR}_m^n,t)=0 \tag{3-31}$$

式(3-31)说明，若跑道未分配给其他航空器来起飞或着陆，则跑道空闲，未被占用。这时管制员会发布允许起飞指令，飞行员可以开始加速，开始起飞滑跑过程，根据我国机场管制规定，航空器开始滑跑时前轮移动瞬间为起飞时刻[92]，该时刻为 $t_{i,\mathrm{takeoff}}^{\mathrm{DEP}}$，跑道 R_n 被起飞航空器占用，$\mathrm{FR}_n(t_{i,\mathrm{takeoff}}^{\mathrm{DEP}}+1)=f_i$。

设 G_i 为航空器重力，P_i 为全发推力，Y_i 为地面的总支持力，X_i 为气动阻力，S_i 为机翼面积，v_i^{R} 为抬前轮速度，C_x、C_y 分别为水平、垂直方向的升力系数，f 为跑道摩擦系数，ρ 为空气密度，计算起飞滑跑时间与距离[137]：

$$\Delta t_i^{\mathrm{Droll}}=\frac{1}{g}\int_0^{v_i^{\mathrm{R}}}\frac{\mathrm{d}v}{\dfrac{P_i}{G_i}-f-\dfrac{\rho S_i}{2G_i}(C_x-fC_y)v^2}$$

$$L_i^{\mathrm{Droll}}=\frac{1}{2}\cdot v_i^{\mathrm{R}}\cdot\Delta t_i^{\mathrm{Droll}} \tag{3-32}$$

设 $\Delta t_i^{\mathrm{DV}_2}$ 为航空器从 v_i^{R} 加速至 v_i^2 所用的时间，可由飞行手册中查出，θ 为爬升航迹角，若跑道长为 L，可计算爬升飞越跑道末端时间：

$$\Delta t_i^{\mathrm{Dfly}}=\Delta t_i^{\mathrm{DV}_2}+\frac{L-L_i^{\mathrm{Droll}}}{v_i^2\cos\theta} \tag{3-33}$$

由此可得起飞阶段用时：

$$\Delta t_{i,\mathrm{takeoff}}^{\mathrm{D}}=\Delta t_i^{\mathrm{Droll}}+\Delta t_i^{\mathrm{Dfly}} \tag{3-34}$$

设 f_i 离地时刻为 $t_{i,\mathrm{airborne}}^{\mathrm{DEP}}$：

$$t_{i,\mathrm{airborne}}^{\mathrm{DEP}}=\Delta t_{i,\mathrm{takeoff}}^{\mathrm{D}}+t_{i,\mathrm{takeoff}}^{\mathrm{DEP}} \tag{3-35}$$

$$当\ t=t_{i,\mathrm{airborne}}^{\mathrm{DEP}}+1\ 时，\quad 令\ \mathrm{FR}_n(t)=\varnothing$$

当起飞航空器飞越航向台天线时，可认为已离开跑道，跑道呈空闲状态。

下面对航空器降落及脱离跑道过程建模。

当降落航空器 f_i 到达与接地点的距离为 L_i^{final} 处，根据式(3-36)判断是否能得到着陆许可：

$$\mathrm{FR}_n(t_{i,\text{final}}^{\text{ARR}})=\varnothing,\quad \sum_{m\in[1,N]} O(\mathrm{XR}_m^n, t_{i,\text{final}}^{\text{ARR}})=0 \tag{3-36}$$

若满足以上条件，管制员会发布着陆许可，定义 f_i 的着陆许可指令发布时刻为 $t_{i,\text{final}}^{\text{ARR}}$，令 $\mathrm{FR}_n(t_{i,\text{final}}^{\text{ARR}}+1)=f_i$，跑道被降落航空器占用。否则只能保持高度等待或者复飞。

设 v_i^{H} 为进场速度，它是一种瞬时速度，即飞机降落接地前下降至距离地面 15 m 的速度。v_i^{d} 为接地速度，即飞机降落时起落架主轮接触地面的瞬时速度。两个速度之间的关系为

$$v_i^{\text{H}}=(1.2\sim 1.3)v_i^{\text{d}} \tag{3-37}$$

设 v_i^{APP} 为开始进近速度，此时 f_i 与接地点的距离为 L_i^{APP}，v_i^{final} 为进近过程中 f_i 距离接地点 L_i^{final} 时的速度。设航空器最后进近阶段为匀减速运动，减速度为 a_i^{APP}，得到 f_i 从距离接地点 L_i^{final} 飞至跑道入口处的时间 Δt_i^{Afly}：

$$a_i^{\text{APP}}=\frac{(v_i^{\text{d}})^2-(v_i^{\text{APP}})^2}{2L_i^{\text{APP}}},\quad v_i^{\text{final}}=\sqrt{2a_i^{\text{APP}}L_i^{\text{final}}+(v_i^{\text{d}})^2}$$

$$\Delta t_i^{\text{Afly}}=\frac{v_i^{\text{d}}-v_i^{\text{final}}}{a_i^{\text{APP}}} \tag{3-38}$$

设 K_i 为接地迎角条件下飞机升阻比，X_i 为航空器气动阻力，F_i 为地面摩擦阻力，m_i 为飞机质量，f 为跑道摩擦系数。根据文献[137]可计算航空器从跑道入口处至完成减速冲程的时间 $\Delta t_i^{\text{Aroll}}$ 及减速滑跑冲程长度 L_i^{Aroll}：

$$\Delta t_i^{\text{Aroll}}=2(v_i^{\text{d}}-v_{\max}^{\text{T}})\bigg/\left[g\left(\frac{1}{K_i}+f\right)\right] \tag{3-39}$$

$$L_i^{\text{Aroll}}=\frac{1}{2}m_i\int_{v_{\max}^{\text{T}}}^{v_i^{\text{d}}}\frac{\mathrm{d}v_i^2}{X_i+F_i} \tag{3-40}$$

由此得到降落阶段用时：

$$\Delta t_{i,\text{land}}^{\text{A}}=\Delta t_i^{\text{Aroll}}+\Delta t_i^{\text{Afly}} \tag{3-41}$$

根据管制规则，f_i 减速冲程结束时间为降落时刻[92]，定义该时刻为 $t_{i,\text{rollend}}^{\text{ARR}}$：

$$t_{i,\text{rollend}}^{\text{ARR}}=\Delta t_{i,\text{land}}^{\text{A}}+t_{i,\text{final}}^{\text{ARR}} \tag{3-42}$$

当 $t=t_{i,\text{rollend}}^{\text{ARR}}+1$ 时，令 $\mathrm{FR}_n(t)=\varnothing$。

当航空器冲程结束时，航空器由降落状态转为滑行状态。管制员会根据航空器当前位置、速度、滑行道使用情况为航空器安排脱离道。

定义函数 $\mathrm{LR}(n,l)$ 为距离 R_n 跑道头为 l 的元胞位置，可得航空器初始速度、位置为

$$t=t_{i,\text{rollend}}^{\text{ARR}},\quad v_i^{\text{T}}(t)=v_{\max}^{\text{T}},\quad \mathrm{XR}_i^n(t)=\mathrm{LR}(n,L_i^{\text{Aroll}}) \tag{3-43}$$

利用下式可得到 t 时刻 f_i 可使用的脱离道集合 $\mathrm{TV}_i(t)$：

$$\forall T_v \in T,\begin{cases}\mathrm{DR}_i^n=1,\mathrm{XR}_i^n(t)\leqslant(R_n\cap T_v)\\ \mathrm{DR}_i^n=-1,\mathrm{XR}_i^n(t)\geqslant(R_n\cap T_v)\end{cases},\quad \mathrm{TV}_i(t)=\mathrm{TV}_i(t)+T_v \tag{3-44}$$

定义 $q_i^v(t)$为 t 时刻管制员指派 f_i 沿 T_v 脱离的优先级，若 t 时刻管制员指令航空器 f_i 经由 T_v 脱离跑道，应满足

$$\exists T_v \in \mathrm{TV}_i(t),\quad q_i^v(t)=\max_{\forall T_k,T_k\in \mathrm{TV}_i^v(t)}(q_i^k(t)) \tag{3-45}$$

根据式(3-45)可知，管制员会选择优先级最高的滑行道。本节定义的脱离道分配规则以流畅滑出跑道为目标，定义优先级时考虑脱离道通行能力并兼顾就近脱离原则。这与实际管制过程中，管制员指令航空器尽快脱离跑道的情况一致。

航空器脱离跑道速度、位置演化规则如下：

脱离减速过程：

$$v_i^{\mathrm{T}}(t+1)=\max(\max(v_i^{\mathrm{T}}(t)-1,0),v_{n,v}^{\mathrm{RT}}) \tag{3-46}$$

以概率 p 随机减速过程：

$$v_i^{\mathrm{T}}(t+1)=\max(v_i^{\mathrm{T}}(t+1)-1,0) \tag{3-47}$$

安全减速过程：

$$v_i^{\mathrm{T}}(t+1)=\max(\min(v_i^{\mathrm{T}}(t+1),\mathrm{GT}_{i,j}(t)),0) \tag{3-48}$$

若 $\|\mathrm{XR}_i^n(t)-(R_n\cap T_v)\|\leqslant v_i^{\mathrm{T}}(t+1)$，判断是否能转入脱离道：

若 $0<v_i^{\mathrm{T}}(t+1)\leqslant v_{n,v}^{\mathrm{RT}}$，$f_i$ 在 $t+1$ 时刻转入 T_v，此后按照 3.4 节航空器滑行演化过程进行速度、位置更新。当满足下式时，说明航空器机尾已经进入脱离道，此时可认为航空器脱离跑道，定义该时刻为 $t_{i,\mathrm{vacate}}^{\mathrm{ARR}}$。

$$\|\mathrm{XT}_i(t+1)-(R_n\cap T_v)\|\geqslant C_i \tag{3-49}$$

若 $v_i^{\mathrm{T}}(t+1)>v_{n,v}^{\mathrm{RT}}$ 或 $v_i^{\mathrm{T}}(t+1)=0$，说明无法滑出或已滑过分配的脱离道，利用式(3-47)～式(3-50)得到为 f_i 在 $t+1$ 时刻分配的新的脱离道 T_u，并进行位置更新：

$$\mathrm{XR}_i(t+1)=\mathrm{XR}_i(t)+\mathrm{DR}_i^n\cdot v_i^{\mathrm{T}}(t+1) \tag{3-50}$$

根据以上步骤可知，本节定义的航空器脱离跑道演化过程同时考虑了速度、位置限制，并能再现实际运行中由于速度较大错过邻近脱离道，脱离道拥堵使跑道上航空器无法及时转出，需要管制员再次安排其他脱离道的现象。

3.6 计算机仿真验证及数据分析

3.6.1 元胞划分及抽象仿真验证

石家庄正定国际机场位于中国河北省石家庄市正定县东北部，距市区约 32 km，为 4E 级民用国际机场，是京津冀城市群的重要空中门户、北京首都机场的

备降机场、区域航空枢纽。本章以石家庄正定机场为例,对机场跑道、滑行道及推出程序抽象生成元胞。

如图 3-9 所示,石家庄正定机场为单跑道构型,跑道号为 15 和 33,跑道道面长 3400 m,宽 45 m,每侧道肩 7.5 m,总宽 60 m,建有等长平行滑行道 1 条(A 滑),快速出口滑行道 2 条(A2、A5),共有 8 个登机廊桥,其中含 1 个 E 类双头飞机廊桥,廊桥机位共 26 个,机位共 73 个。按照 3.2 节描述的跑滑结构元胞定义,将滑行道、跑道、推出程序划分为一系列一维元胞链。其中元胞长度 $L_{cell}=5$ m,宽为推出程序、滑行道、跑道宽度。表 3-3 给出了部分滑行道和推出程序的元胞划分结果。

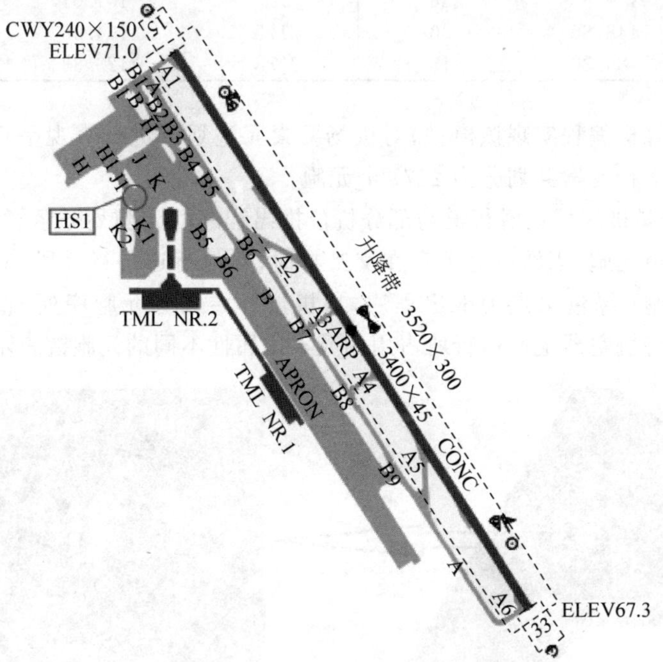

图 3-9 石家庄正定机场场面结构

表 3-3 部分滑行道及推出程序的元胞划分

滑行道元胞划分			推出程序元胞划分		
滑行道	滑行道长度/m	元胞个数	机位号	推出程序长度/m	元胞个数
A1_0	188.43	38	201	105.79	21
A2_0	268.64	54	202	60.45	12
A2_1	120.5	25	203	107.62	22
A3_0	188.33	38	204	63.39	13
A4_0	187.8	38	205	108.1	22
A5_0	376.32	75	206	62.08	12
A6_0	186.66	38	207	110.62	22
A_0	657.86	132	208	67.44	13
A_1	294.34	59	209	70.44	14

续表

滑行道元胞划分			推出程序元胞划分		
滑行道	滑行道长度/m	元胞个数	机位号	推出程序长度/m	元胞个数
A_10	245.41	50	210	90.18	18
A_2	471.86	95	211	81.7	16
A_3	398.65	80	212	79.82	16
A_4	494.76	99	213	75.58	15
A_5	104.34	21	214	75.44	15
A_6	285.99	58	215	84.28	17
A_7	179.2	36	216	101.01	20
A_8	148.86	30	217L	104.56	21
A_9	89.26	18	217R	123.33	25

通过计算机编程实现该模型，对机场要素元胞划分进行直观呈现。石家庄正定机场场面运行元素共划分为 2277 个元胞。

图 3-10 是机场场面滑行道与部分机位推出程序的元胞划分示意图，其中红色格点为滑行道元胞，当滑行道上存在交叉口时，对滑行道进行分段，对各段进行划分并标记元胞；绿色格点为推出程序，从机位开始划分元胞序列，直至到达滑行道。由此可将航空器地面运行所占用的元素用属性不同的元胞链表示。

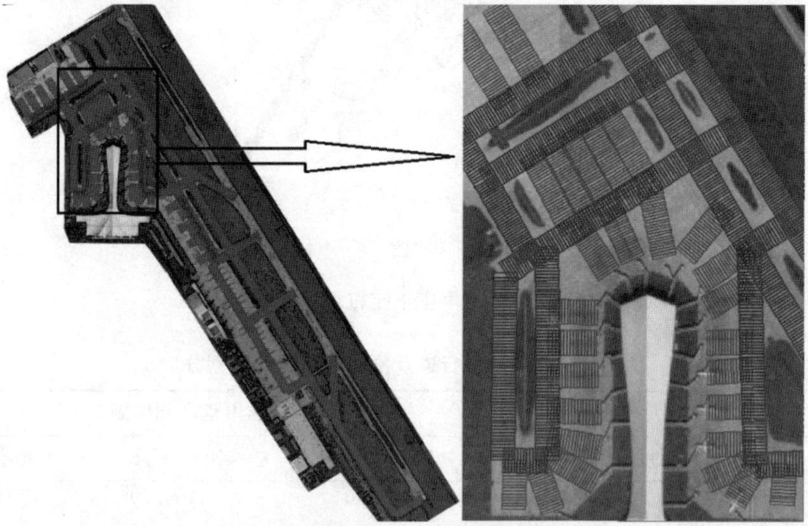

彩图 3-10

(a) (b)

图 3-10 石家庄正定机场场面元胞图示

(a) 滑行道与推出程序元胞划分；(b) 滑行道与推出程序元胞细节

机场机动区内任一点属于不少于一个元胞，航空器在推出及滑行时依次占用不同属性的元胞，从而形成运动轨迹。

如图 3-11 所示，任意选取机场活动区上某点，可根据其位置得到所属元胞序号，并将该位置所在的元胞进行着色。图 3-11(a)为滑行道 A 与联络道 B4 交叉口处元胞，编号为 A_8_0/B4_0_0，航空器有可能在此处进行转弯。图 3-11(b)为滑行道 K1 与 220 号廊桥机位推出程序交叉口处元胞，编号为 K1_1_6/220_15，在此处航空器状态由推出转为滑行。

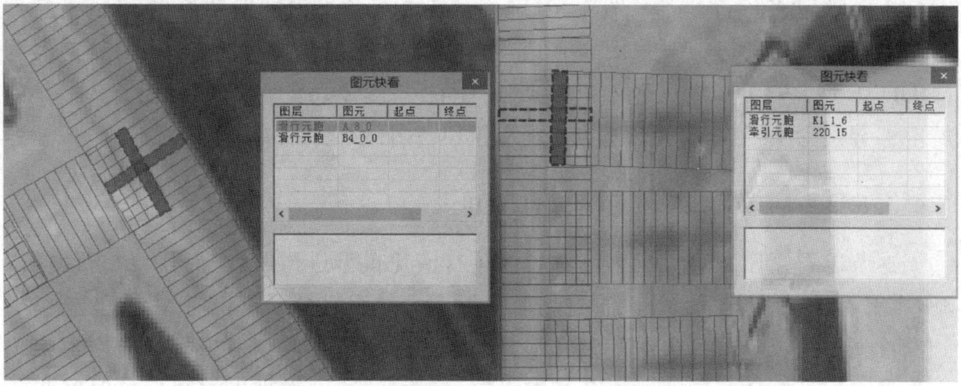

(a)　(b)

图 3-11　滑行道和推出程序元胞图示

(a) 滑行道元胞划分；(b) 推出程序元胞划分

图 3-12 给出了根据 3.2.2 节方法分类的不同类型航空器在推出、滑行中机身长度占用的元胞个数示意。

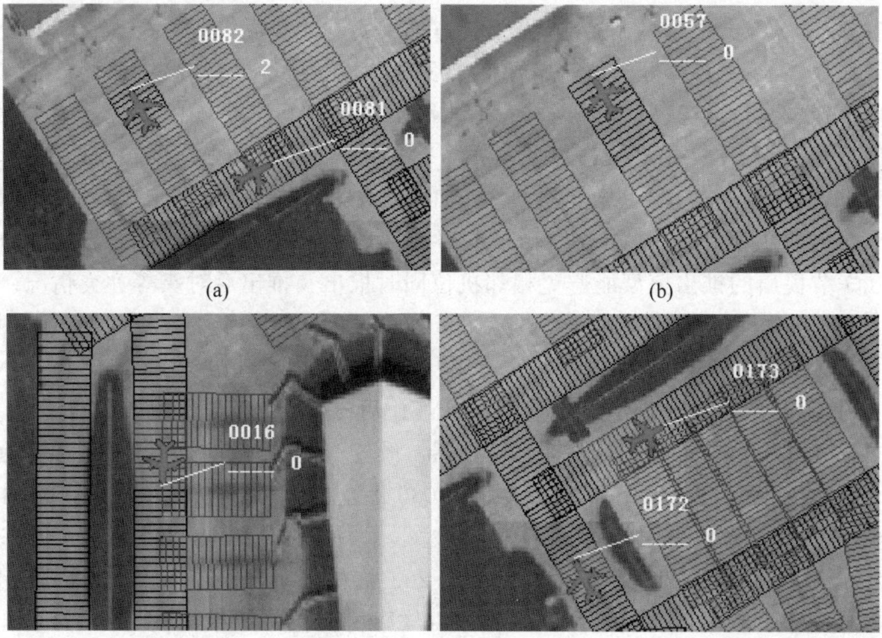

(a)　(b)

(c)　(d)

彩图 3-12

图 3-12　航空器机身占用滑行元胞、推出元胞图示

(a) SMALL 类；(b) BIG 类；(c) MIDDLE 类；(d) BIG 类和 SMALL 类

图 3-12 中航空器图标仅标志机头位置和起降类型。本场起飞的航空器为绿色，机身长度由图标下方的着色元胞表示。对于推出元胞，绿色表示空闲，黑色表示占用；对于滑行元胞，黑色表示空闲，红色表示占用。图 3-12(a)中从 502 机位推出的编号为 0082 的航空器，及在 H 上滑行的编号为 0081 的航空器均为 SMALL 型，占用 7 个元胞；图 3-12(b)中从 503 机位推出的编号为 0057 的航空器为 BIG 型，占用 15 个元胞；图 3-12(c)中在 K1 上滑行的编号为 0016 的航空器为 MIDDLE 型，占用 10 个元胞；图 3-12(d)中在 J、J1 上滑行的编号为 0173、0172 的航空器分别为 BIG、SMALL 型，分别占用 15、7 个元胞。

3.6.2 航空器推出过程仿真验证

本节以石家庄正定机场为例对场面运行演化模型进行验证分析。由于篇幅限制，本节对 15 跑道运行时离场、进场航空器运动过程进行分析说明。

首先利用 3.3 节提出的基于元胞自动机的推出演化模型对该机场航空器推出过程进行仿真验证。同 3.6.1 节参数设置，元胞长 5 m，设推出演化单位时间步长为 5 s，根据管制规定[92]设置以下参数：航空器牵引速度不得超过 10 km/h，令 $v_{max}^{P}=3$，即每时间步长前进 3 个元胞，即为 3 m/s，约为 10 km/h，航空器滑行最小纵向间隔为 50 m，令冲突避让裕度为 $\Delta CP=10$，推出间隔 $\Delta TP=5$，根据该机场推出程序细则，相邻机位不得同时推出，令 $k=1$。

表 3-4 给出按照 3.3 节定义得到的机场部分机位的位置、推出后连接滑行道(按照 3.2.1 节分段后的滑行道)及运行方向。

如表 3-4 所示，部分机位航空器推出后进入相同滑行道，为避免对头，3.3 节对推出位置、运行方向进行了限制，图 3-13 给出了仿真运行中不同机位航空器推出后位置及机头方向。图 3-13(a)中远机位 511 与 507 推出的航空器位于滑行道 H，机头方向一致，图 3-13(b)中廊桥机位 221 与 223 推出航空器位于 K1，216 与 213 推出航空器位于 B5，机头方位一致。同时相邻机位并无航空器同时推出。由此可知 3.3 节提出的推出模型能避免相邻机位同时推出及推出后对头等冲突情况。

3.3 节提出了推出演化规则，定义了推出航空器与滑行航空器的避让规则，图 3-14 给出构型、位置、间隔不同时推出与滑行航空器避让过程。

图 3-14(a)、(b)中推出航空器停止以避让后方滑行航空器，图 3-14(c)、(d)为相同位置滑行航空器避让前方推出航空器。图 3-14(a)中航空器 0036 已离开远机位 205，由于其后方有航空器 0032，因此 0036 停止推出，减速为 0。图 3-14(c)中后方滑行道上仍有 0046 滑行，但由于间隔较大，0049 以速度 2 继续推出，而 0046 减速为 0，进行避让，由于其停止位置距离 203 机位较近，因此在 203 等待推出的 0050 航空器只能继续等待。图 3-14(b)中从廊桥机位 225 推出的 0010 为避让后方连续滑行的航空器减速为 0。图 3-14(d)中航空器 0031 以速度 3 推出，而后方滑行航空器 0030 停止、进行避让。由此可知，第 3 章定义的航空器推出限制、避让规

表 3-4　部分机位推出程序及推出方向

推出程序	XP_1^n(经纬度)	推出方向	滑行道	推出程序	XP_1^n(机位位置)	推出方向	滑行道
207	114.6899725,38.2831504	−1	B_5	220	114.6852968,38.2862774	1	K1_1
206	114.6908773,38.2828389			221	114.6852969,38.2858367		
205	114.6908132,38.2821332			222	114.6853128,38.2853588		
204	114.6915489,38.2819747			223	114.6853761,38.2848065		
203	114.6914557,38.2813240			224	114.6853762,38.2842913		
202	114.6922070,38.2811694			225	114.6852814,38.2837948		
201	114.6921760,38.2804577			226	114.6844512,38.2833665		
208	114.6888845,38.2834576	1	B6_3	227	114.6836922,38.2833912		
209	114.6879573,38.2835023			501	114.6858570,38.2887555	1	J_0
210	114.6874010,38.2838102			502	114.6854474,38.2886139		
211	114.6874152,38.2843308	−1	B5_1	503	114.6850832,38.2884325		
212	114.6874008,38.2848795			504	114.6847279,38.2882861		
213	114.6874150,38.2854002			505	114.6843814,38.2880978		
214	114.6874078,38.2858368			511	114.6796997,38.2889479	1	H_0
215	114.6874078,38.2863519			510	114.6802751,38.2892866		
216	114.6872579,38.2867438			509	114.6809632,38.2896365		
217L	114.6869888,38.2871278	−1	B_3	508	114.6817009,38.2900019		
217R	114.6865855,38.2871154			507	114.6825776,38.2905031	1	H_1
218	114.6859767,38.2870719	1	K_1	506L	114.6840728,38.2909369		
219	114.6855181,38.2868670			506R	114.6832788,38.2907935	1	B1_0

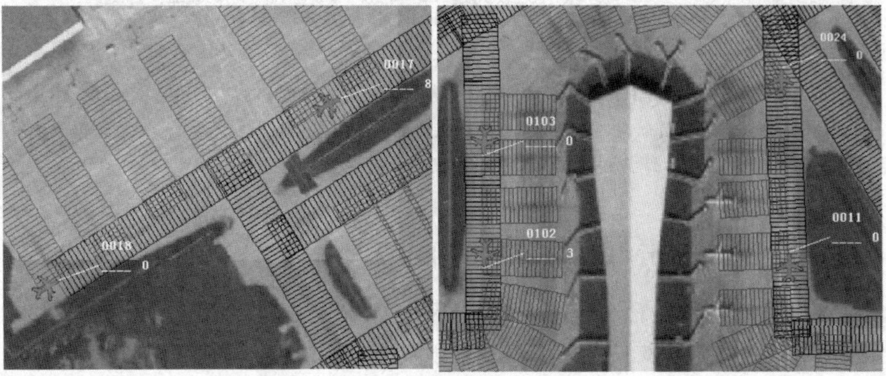

(a)　　(b)

图 3-13　航空器推出后机头方向一致

(a) 远机位推出；(b) 廊桥机位推出

则及演化过程，能细化航空器速度、位置变化，能刻画推出航空器与其他航空器间的相互影响，能呈现滑行道上推出、滑行航空器交替通行的情景，能再现滑行道上航空器较多而导致无法推出，从而造成机坪拥堵的情况。

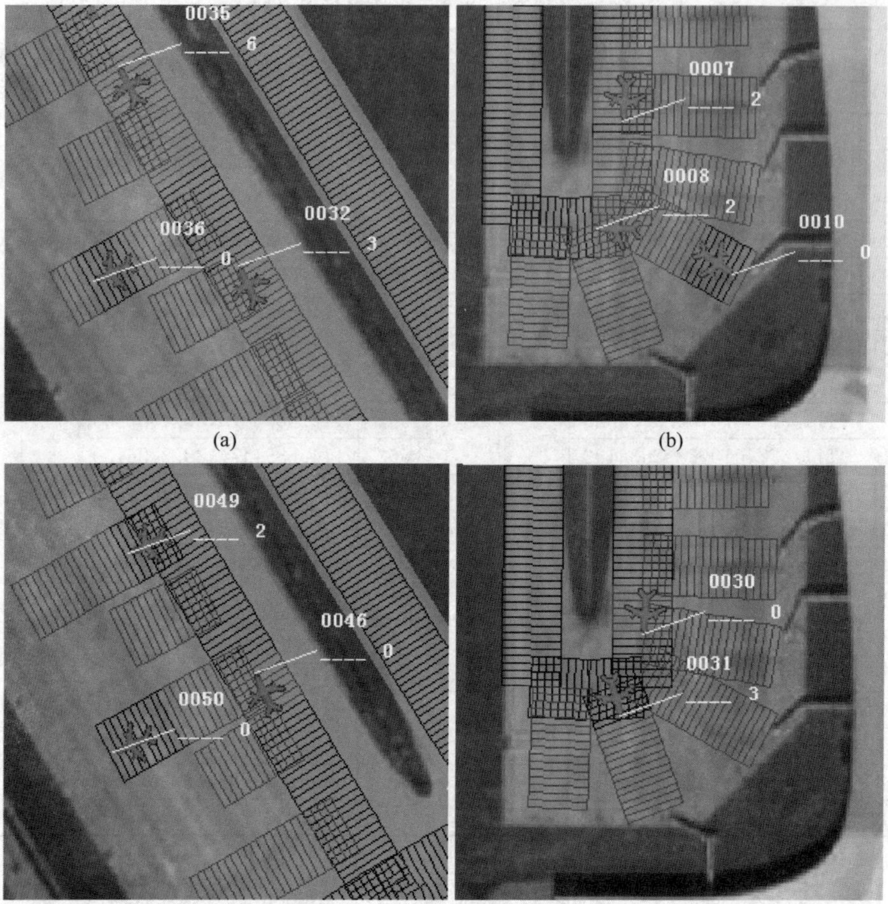

(a) (b) (c) (d)

图 3-14 推出与滑行航空器避让过程仿真

(a) 远机位推出航空器避让航空器滑行；(b) 廊桥机位推出航空器避让航空器滑行；(c) 远机位推出航空器优先于航空器滑行；(d) 廊桥机位推出航空器优先于航空器滑行

3.6.3 航空器滑行过程仿真验证

对该机场航空器路径分配及滑行过程进行仿真验证。滑行元胞长度为 5 m，设滑行演化单位时间步长为 5 s，根据管制规定[92]航空器最大速度不得超过 50 km/h，令 $v_{\max}^{T}=15$，即为 15 m/s，约为 50 km/h，若滑行时转弯角度为[0°,10°]，(10°,30°]，(30°,180°]，$v_{n,m}^{\text{turn}}=15,8,4$。由 3.4 节演化规则，正常时每时步加速度、减速度均为 1，因此航空器在正常情况下滑行加速度、减速度均为 0.2 m/s^2，与文献[112,124]的航空器滑行速度统计值符合得较好。我国管制规定滑行最小纵向间隔为 50 m，令 $\Delta S=10$，$\omega_e=\omega_d=0.5$，最后发布着陆许可的位置与接地点的距离 L_i^{final} 为 4 km。设置仿真运行场景为正常情况，令冲突避让裕度(观察范围)ΔCH＝

10。表 3-5 给出了机场划设的所有中间停止位置、强制停止报告位置的信息。

表 3-5　中间停止位置、强制停止报告位置经纬度及限制

名称	属性	经纬度	类型	滑行道	元胞编号	使用限制
HP12	XM_k	114.6907497,38.2855686	中间停止位置	A	A_6_1	33 跑道使用
HP13		114.6941725,38.2813693		A	A_4_8	15 跑道使用
HP14		114.6966439,38.2783530		A	A_3_7	33 跑道使用
HP05		114.6890641,38.2861715		B	B_4_30	33 跑道使用
HP06		114.6909309,38.2838626		B	B_5_12	15 跑道使用
TF01	XH_k	114.6864655,38.2908297	强制停止报告位置	A4	A4_0_25	33/15 跑道使用
TF02		114.6842454,38.2923095		A	A_1_47	33/15 跑道使用
HP10		114.6858915,38.2931985		A1	A1_0_20	33/15 跑道使用

图 3-15 给出表 3-5 中 HP10 的位置，该点为强制停止报告位置，同时也是 15 跑道外等待点，15 跑道离场航空器的滑行终点，当航空器到达该位置时必须停止并报告位置，得到管制员指令后才能继续滑行。

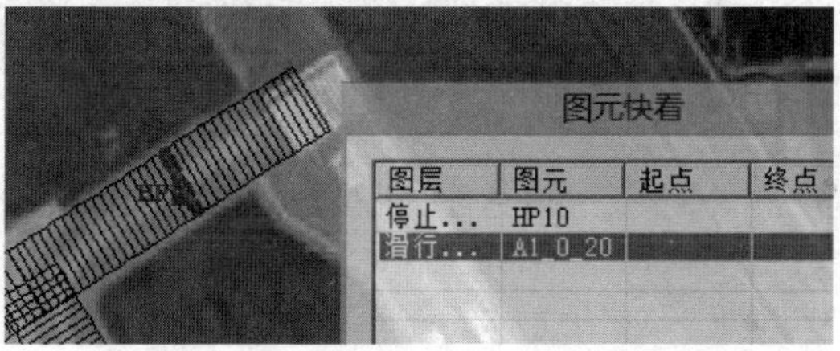

图 3-15　强制停止报告位置图示

根据 3.4 节提出的滑行演化规则对航空器滑行过程进行仿真。飞机编号 0、1 开头分别表示离场、进场航空器，为方便观察可利用滑行距离 $LT_i^n(t)$，将航空器机头元胞及后方长度为 $C_i+\Delta S$ 的格点标志为红色，这意味着该元胞不得被其他航空器占用。图 3-16 给出滑行道构型、位置、间隔不同时滑行航空器相遇时的避让过程仿真运行图。

图 3-16(a)、(d)给出 V 形交叉口处冲突避让的两种不同情况，图 3-16(a)中沿 B 滑行的航空器 0024 先到达交叉口，B5 中的航空器 0029 进行减速避让，而图 3-16(d)中 B5 上滑行的航空器 0086 先进入交叉口，沿 B 滑行的航空器 0083 观察到这一情况提前制动，在中间停止位置 HP05 处停止，等待。图 3-16(b)、(e)给出十字形交叉口处冲突避让的两种不同情况。图 3-16(b)中进场航空器 1017 经由 A4 脱离跑道，由于交叉口有航空器经过且前方有强制停止报告位置，因此减速，等待，而图 3-16(e)中航空器 1006 脱离跑道后以速度 4 先到达 B 与 A4 的交叉口，因此航空器 1005 停止，等待，以避让。

同样，图 3-16(c)、(f)给出 T 形交叉口冲突避让的两种不同情况。其中图图 3-16(f)中航空器 0007 减速导致了跟随滑行的航空器 0010 的减速，出现了为使

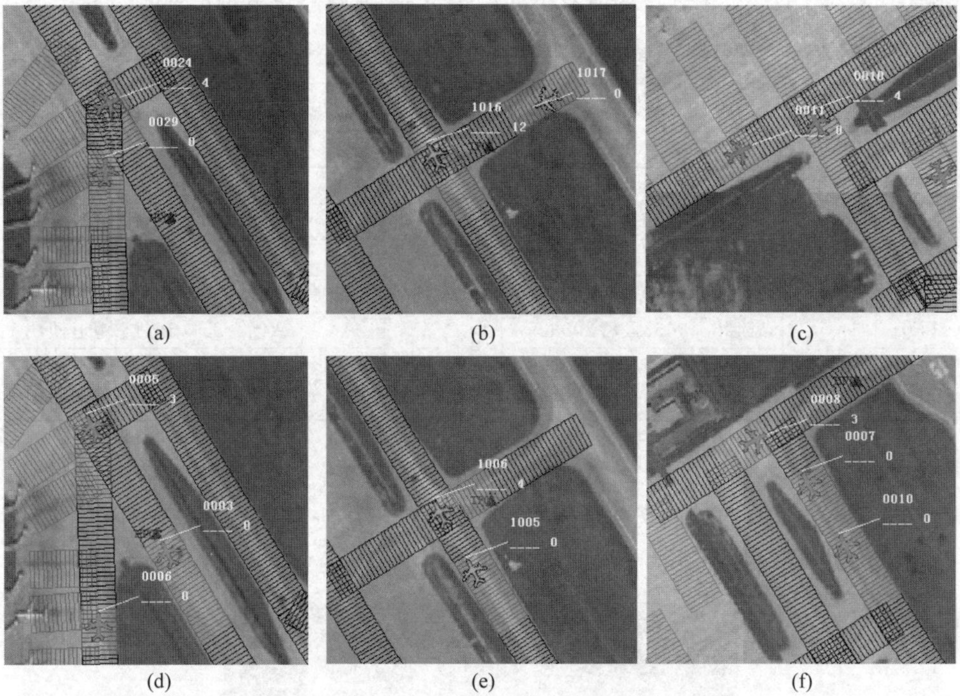

图 3-16　滑行速度演化及冲突避让仿真

(a) V 形交叉冲突避让情况 1；(b) 十字形交叉冲突避让情况 1；(c) T 形交叉冲突避让情况 1；(d) V 形交叉冲突避让情况 2；(e) 十字形交叉冲突避让情况 2；(f) T 形交叉冲突避让情况 2

航空器 0008 优先通过，两架航空器依次等待的情况。其中图 3-16(a)、(b)、(c)为在主滑行道、平行滑行道上航空器优先通过交叉口的情况，图 3-16(d)、(e)、(f)为联络道上航空器优先通过的情况。由此可知，3.3 节定义的航空器滑行演化及避让规则，能体现出滑行速度、位置的随机变化造成的冲突避让情况差异，能再现航空器交替通过滑行道交叉口的过程。

为进一步分析滑行道结构、关键参数对航空器滑行演化过程的影响，按照起降比例 1∶1，BIG、MIDDLE、SMALL 机型比例 2∶4∶4，随机生成 3000 架航空器，对场面运行过程进行仿真。为了消除随机影响，将仿真过程重复 20 遍，得到 20 个数据样本的平均值。对 3 种构型交叉口处通行情况进行仿真。定义密度 ρ 为已占用元胞数的比例。

如图 3-17(a)所示，主(平)滑优先通行率随着 ρ 的增加先增加后减少。ρ 较小时，主(平)滑上航空器能充分加速，以较大概率先进入 ΔCH 范围，因此能优先通过交叉口。当 ρ 较大时，由于前后机间隔较小，航空器加速受限，因此主(平)滑优先通行率随着 ρ 的增加而迅速减少。其中 V 形交叉口通行率最低，且受 ρ 的影响最大，$\rho=0.14$ 时，曲线峰值仅为 0.57。这是由于为确保在 V 形交叉口汇聚时有侧向间隔，在主(平)滑上较远处(大于 ΔS 处)会设置中间停止位置，如图 3-16(a)、

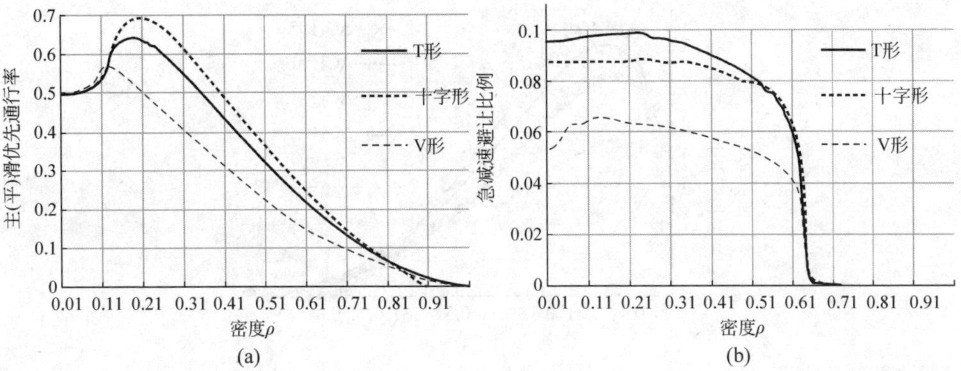

图 3-17 不同形式交叉口处的主(平)滑优先通行率与急减速比例变化趋势

(a) 主(平)滑行道优先通行率；(b) 急减速避让比例

(d)滑行道 B 上的 HP05，飞行员在到达该点前就会减速，观察，避让。因此划设中间停止位置能有效限制通行量。同理可知，若在联络道划设强制停止报告位置可限制联络道的优先通行率。对应图 3-16(b)、(e)的情况，脱离道 A4 上有强制停止报告位置 TP01，航空器需在此等待管制员的滑行指令，因此 B 滑行道的航空器优先通过比例较大，对应图 3-16(a)十字形交叉口主(平)滑优先通行率最大，密度为 0.21 时曲线峰值为 0.69。由此可知，管制员若能在航空器到达 TP01 点前发布指令，减少等待过程，可增加脱离道口通行量，提高脱离跑道效率。此后随着密度不断增加，空余元胞减少，滑行道拥堵加剧，最后所有航空器停止滑行，优先通行率降至 0。

若航空器避让时减速度超过 5，则认为该航空器进行急减速避让。当航空器速度较大或冲突概率增加时，产生急减速避让的比例较大，如图 3-17(b)所示，该比值随着 ρ 的增加基本不变。T 形交叉口发生急减速避让的比例最大，峰值为 0.095，而其他两种交叉口由于设置中间等待点(HP)和强制等待点(TP)，限制了滑行速度，产生急减速的概率较小，当 $\rho>0.65$ 时滑行平均速度小于 5，产生急减速的概率为 0。

根据 3.4 节提出的滑行演化与路径分配规则，ΔCH 是判断是否减速、变更滑行道的关键变量，令 $\Delta CH=5,10,15,20$，得到每时步滑行速度方差平均值随 ρ 变化的趋势图，如图 3-18 所示。

由图 3-18 可知，滑行速度方差均随着 ρ 的增加先增加后减少。当 $\rho<0.1$ 时航空器间隔较大，因此 $|v_i^T(t)-v_i^T(t-1)|$ 较小。当 ρ 增加时航空器之间相互影响增大，滑行速度时快时慢，曲线出现峰值。此后随着 ρ 的增加拥堵逐渐产生并加剧，滑行速度减小，机动区整体通行能力降低，滑行速度方差迅速减小，直至为 0。其中，滑行速度方差与 ΔCH 值呈负相关，这是由于 ΔCH 较小时，冲突避让裕度较小，这说明当航空器较为接近时才发现冲突，由此可知 $|v_i^T(t)-v_i^T(t-1)|$ 较大，因此滑行速度方差增加。

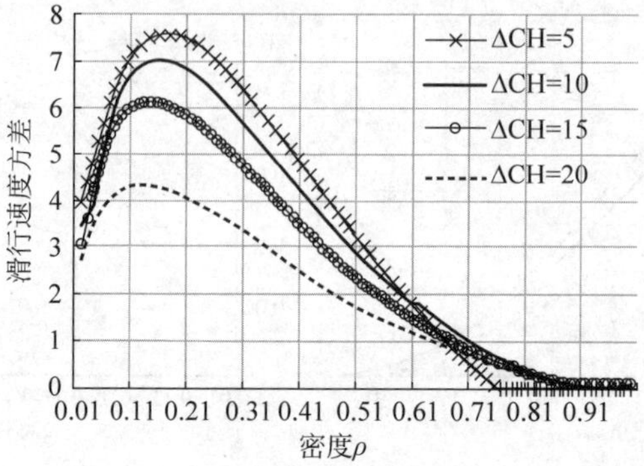

图 3-18　ΔCH 对滑行速度方差的影响

滑行速度方差体现了滑行速度的稳定性，从安全的角度考虑，航空器每时步滑行速度差异越小，即速度的方差越小，交通系统稳定性越高。ΔCH 值大代表观察范围大，能有效减小滑行速度差异，优化路由，增加交通系统稳定性。反之，低能见度、建筑物遮挡或布局不合理会导致 ΔCH 减小，即观察范围小甚至出现盲区，管制员、飞行员无法及时监控并预判冲突，运行安全性大大降低。因此增设 A-SMGCS 等目视助航设备、场面监视设备等机载设备能提供实时运行信息，有效扩大管制员、飞行员的监控范围，可保障运行安全，提高运行效率。

3.6.4　航空器起飞、降落仿真验证

对 3.5 节模型进行验证分析，设从滑行道至跑道、从跑道至滑行道的转弯角度范围为[0°,10°]、(10°,30°]或(30°,180°]，令 $v_{n,v}^{RT}=v_{,nv}^{TR}=15,8,4$，图 3-19 给出了航空器进入跑道的仿真过程。15 跑道运行时，航空器可经由位于跑道端的 A1 进入跑道。

图 3-19(a)中航空器 0001 到达 15 跑道外等待点 HP10，等待进入跑道指令。当式(3-25)的条件满足时，图 3-19(b)中航空器 0003 得到指令并滑入跑道，虽然前机已开始移动，但滑行道 A 上等待的航空器 0002 仍为静止状态，这是由元胞自动机演化规则刻画的慢启动现象。图 3-19(c)中航空器 0011 经由滑行道 B 到达 A1，准备进入跑道。图 3-19(d)中航空器 0010 正在进入跑道，而在滑行道 A、B 上分别有 2 架航空器在等待，这描述了放行高峰时航空器在跑道外排队等待的情况。

图 3-20 给出了航空器脱离跑道的仿真过程。15 跑道运行时，航空器可经由 A4、A5、A6 脱离跑道。A5 为快速脱离道，与跑道成 30°，A4、A6 为脱离道，与跑道成 90°。图 3-20(a)中航空器 1026 以最大脱离速度 4 转入脱离道 A4。图 3-20(b)中航空器 1009 以速度 3 转入 A6 滑行道。图 3-20(c)中航空器 1023 应沿 A4 脱离，但由于航空器 1018 在 A4 等待，占用了脱离道，因此根据 3.5 节提出的脱离道分配原则(式(3-45))，管制员再次安排航空器 1023 由 A5 脱离，航空器 1023 以速度 6 脱离跑道。

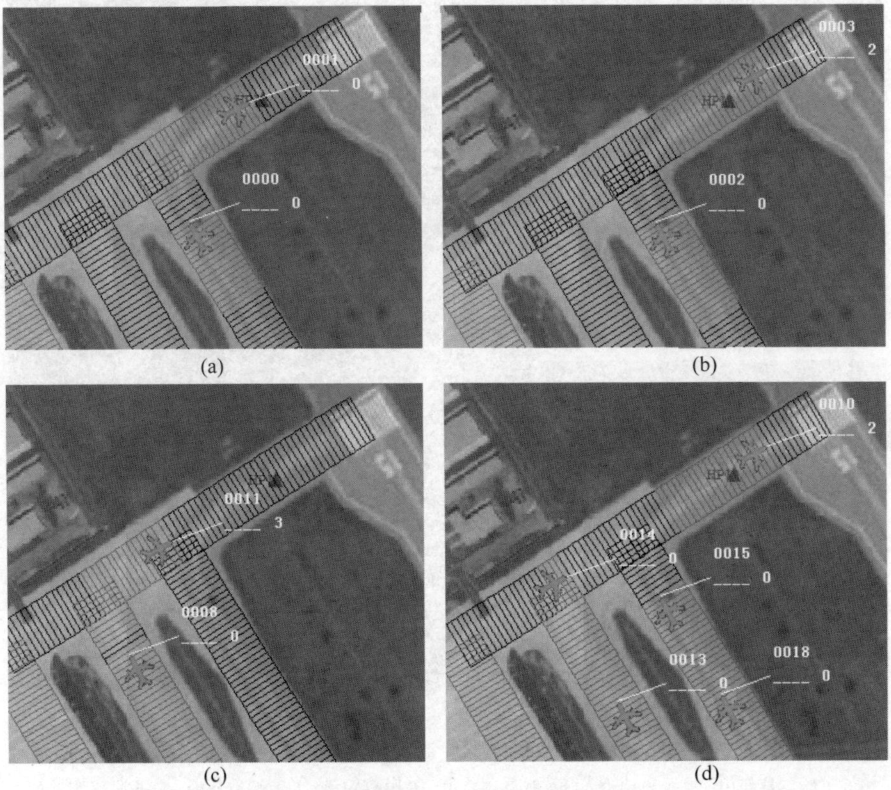

图 3-19　航空器进入跑道过程仿真

(a) 航空器在跑道外等待；(b) 航空器进入跑道；(c) 航空器准备进入跑道；
(d) 多架次航空器在跑道外排序等待

为进一步分析 3.5 节航空器起降元胞自动机模型定义的航空器滑行模型的优化性，设单位小时连续降落航空器架次由 1 逐渐增加至 37，设置 BIG、MIDDLE、SMALL 机型比例为 2∶4∶4，仿真飞机脱离跑道的情况，统计 3.5 节算法和整体优化算法各 50 次的仿真结果并求平均，得到 A4、A5、A6 的使用率(图 3-21)和脱离跑道总时间(图 3-22)。

如图 3-21 所示，当单位小时降落架次较小时，降落飞机流较为分散，大部分飞机使用距离跑道口最近的 A4 脱离跑道，随着流量增加，降落间隔减小，当前机在 A4 等待，还未滑入平滑时，后机就已经着陆接地，因此 A5、A6 使用比例逐渐增大。通过对比图 3-21(a)、(b)可知，3.5 节模型考虑管制员意图和各滑行道动态变化，灵活变更滑行路径，因此在流量增长初期，快速脱离道 A5 使用率更高。而由于 3.4 节描述的滑行模型能再现复杂道口交替通行情况，即使平行滑行道 A 上流量较大，航空器分布密集，A4 上航空器仍能适时滑入交叉口，滑出脱离道，因此 A4 使用率能稳定保持在 0.1，而整体优化算法中 A4 滑行道使用比例很小，形成运行资源浪费，这与实际情况差异较大。当降落架次超过 25 时，图 3-21(a)中各曲线基

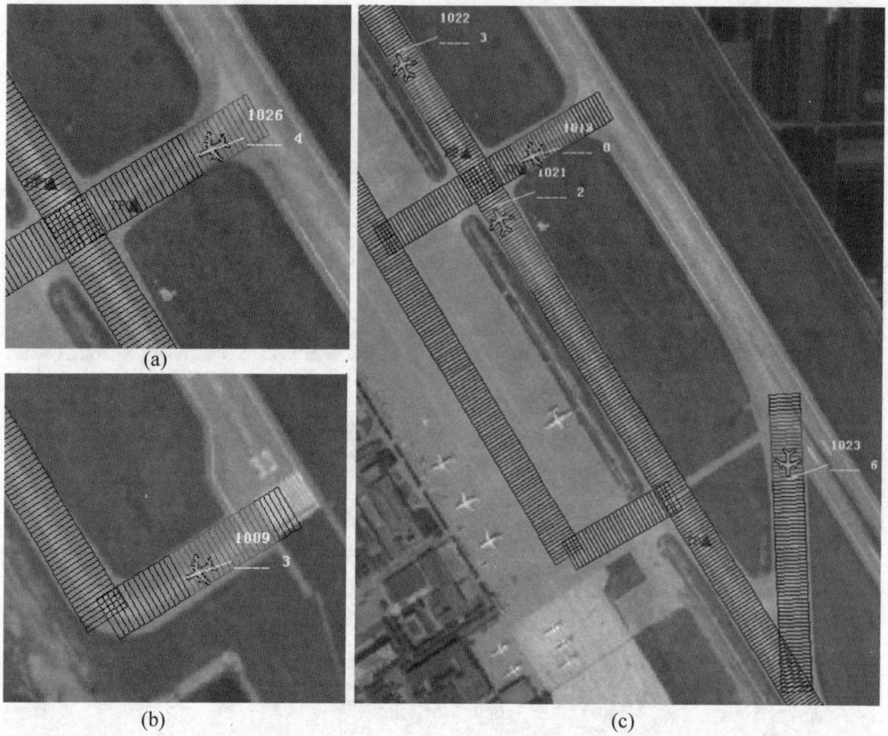

图 3-20 航空器脱离跑道过程仿真

(a) 航空器经由 A4 脱离跑道；(b) 航空器经由 A6 脱离跑道；(c) 航空器经由 A5 脱离跑道

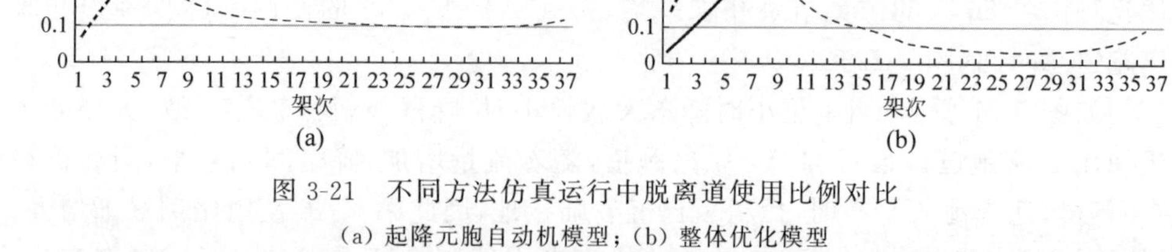

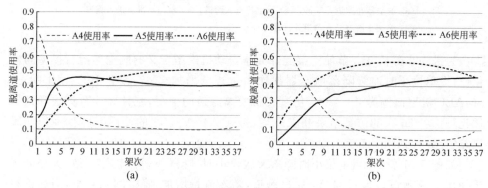

图 3-21 不同方法仿真运行中脱离道使用比例对比

(a) 起降元胞自动机模型；(b) 整体优化模型

本呈稳定值，图 3-21(b)中各曲线仍处于变化过程中，而在实际管制过程中，当流量较大时，为防止脱离道阻塞和复杂路线造成的冲突，往往安排固定的滑行道分配和滑行路径，由此说明本书描述算法与实际管制过程相符。

如图 3-22 所示，随着连续降落架次增加，脱离总时间逐渐增加，当流量小于 25 架次时，两条曲线基本重合，两种模型仿真得到的脱离总时间差异较小，当流量超

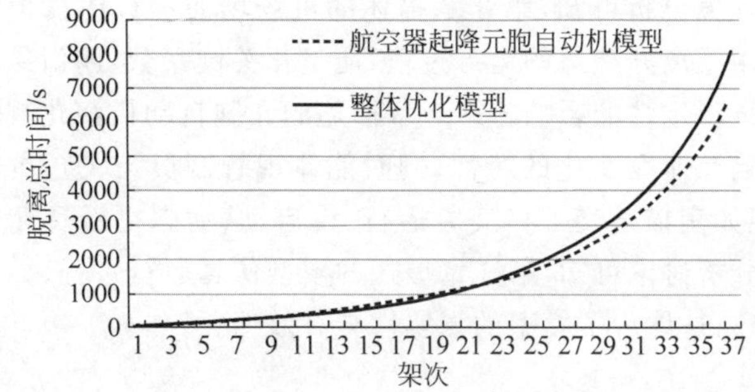

图 3-22　航空器起降元胞自动机模型与整体优化模型脱离时间对比

过 25 架次时,整体优化模型曲线增长幅度明显大于 3.5 节模型。由图 3-21 可知,此时利用 3.5 节模型已形成 1∶4∶5 固定的脱离道分配方案,且三条脱离道均可使用,因此脱离效率高于整体优化模型。而整体优化模型过多分配 A5、A6,造成了滑行道 A 的拥堵,进一步导致航空器无法快速离开脱离道,脱离效率低下。当连续降落架次达到峰值 37 时,3.5 节模型仅用 6725.5 s 完成全部脱离,平均脱离时间为 181.2 s,仅为整体优化算法的 84%。

为再现机场区拥堵情况,设置航空器 0019 在经过滑行道 A 与 B3 交叉口时停止,等待 50 时步。如图 3-23 所示,除航空器 0019 前方两架等待进入跑道航空器之外,在滑行道 A、B、J、J1 滑行道上共有 8 架航空器停止,等待。由于航空器 0019 阻塞了滑行道 A 与 B3,航空器 0021 无法进入滑行道 B3,停在滑行道 J 与 B 交叉口,致使滑行道 B 与 J 上其他航空器无法通行而依次停止。由此可知,瓶颈交叉口或者滑行道被阻塞,不仅造成当前位置拥堵,还会导致阻塞向上游滑行道传递。当流量较大时,阻塞一旦产生,难以消散,严重影响运行效率。

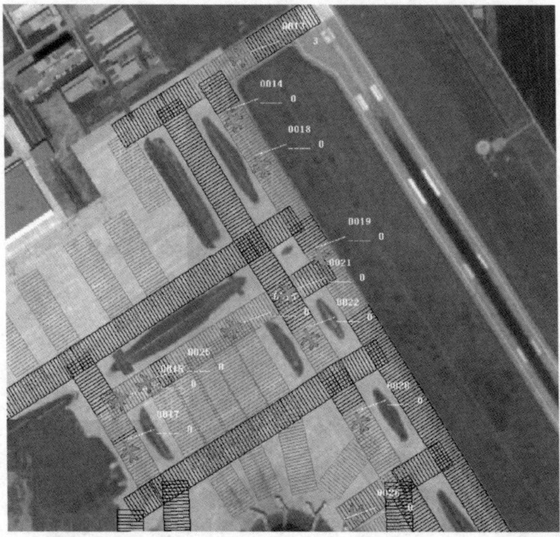

图 3-23　滑行拥堵仿真

经仿真验证及数值分析可知，第 3 章描述的机场场面运行仿真模型能再现航空器推出、滑行、占用及离开跑道的运行过程，能量化关键参数、跑滑结构对航空器运行状态及交通系统稳定性的影响。第 3 章描述的元胞自动机演化规则能反映航空器运动时相互影响及速度变化的特性，同时能体现管制员与飞行员对拥挤和冲突的敏感程度，还能如实描述交叉口交替通行、慢启动、动态更新及拥堵蔓延等交通现象。通过以上分析讨论可知，第 3 章描述的模型仿真运行过程、数据分析结果与实际运行情况一致，这体现了模型的真实性与有效性。

第4章 场面运行风险评估和冲突识别

4.1 场面运行风险评估技术发展

为提升空中交通服务水平，民航局要求提高始发航班正常率，即加速航班离场效率，提升早高峰运量[143]。许多机场采用增修跑道、滑行道等扩容方式，引发跑滑结构复杂、塔台盲区扩大、管制负荷增加等问题，导致离场管制难度加大，运行效率下降，不安全事件频发[10]。因此，构建航空器离场管制网络，研究各类节点在风险演化中的作用，对识别关键环节、抑制风险产生及传播、提高离场运行安全及效率有实际意义。

近年来，航空器场面运行安全研究分为冲突概率量化和风险因素分析两类。冲突概率量化方法面向飞机滑行阶段，构造运动模型量化冲突概率。牟奇锋等[144]设计了碰撞风险评估算法；夏正洪[145]等统计历史轨迹来计算冲突概率；康瑞等[146-147]提出了航空器交叉滑行及双跑道隔离运行下的冲突识别算法。此类方法仅考虑航空器运动状态，缺乏对整体运行流程和各业务环节的风险分析，难以从量化结果中推导出风险控制策略。风险因素分析类方法对影响安全的各个因素、指标、权重进行分析赋值以评估风险。朱云斌等[148]构造故障树，评估树底事件发生概率；杜红兵等[149]利用层次分析法建立评估指标并计算权重；张豫翔等[150]基于模糊层次法评价特殊情况下的空管运行风险；王永刚等[151]利用贝叶斯网络分析了管制过程中人的影响和各因素权重；岳仁田等[152]基于 BP 神经网络预测分析扇区运行亚健康因素。此类方法能抽象事故致因关系，分析因素间影响，但仅关注风险产生的因果逻辑，忽略了风险传播的动态过程，无法再现风险演化的动力学特征。

部分学者将复杂网络及动力学理论[153]运用于航空运输领域：Belkoura[154]从机场、航司、机型 3 个方面研究航空器网络结构特性和动态特性，并优化网络；Voltes-Dorta[155]构建航空运输网络，研究脆弱性；Lykou[156]利用网络动力学理论计算航线网络的拥堵概率；吴珂等[157]分析了中国国内航班的飞行航线网络拓扑结构。根据中国民用航空空中交通管理规则 CCAR-93TM-R5[92]，我国民航空域均为管制空域，空中交通管制员负责飞行间隔配备，以确保飞行安全，因此我国航班运行风险源和安全管理程序与国外的有较大的差异。一些学者基于国内航班运行环境和民航局发布的咨询通告研究飞行风险：肖琴等[158]构建两栖水上飞机起降安全网络并比较网络效率；邱杨扬[159]针对飞行区不停航施工建立复杂网络，分析风险传播路径；王岩韬等[160]构建航班运行风险网络，基于 SIR[161]模型对风险传播进行模拟。以上方法仍将飞行员操作失误和技能水平作为主要风险因素，忽略了管制运行程序结构、管制员技能、管制业务、信息等核心因素对风险演化的影响。

2021 年我国国际和区域枢纽机场的吞吐量增长率分别为 4.0％和 4.8％，大多数枢纽和干线机场处于饱和运行状态[2]。高峰时段枢纽机场塔台管制指挥波道每分钟占用时间约为 54 s，常常产生管制员无法及时发出指令或飞行员无法及时通报信息、复诵指令等情况[162]。大型机场的复杂跑滑系统容易造成飞行员误判或混淆，从而导致滑错、冲突甚至跑道侵入等不安全事件。为简化管制指挥过程，降低滑错风险，许多机场规定航空器必须跟随引导车(follow me car)滑行。但机场场面流量增加，多车辆同时作业，造成新的风险隐患。统计数据表明车辆与航空器碰撞的事故征候和相关不安全事件量均呈增长趋势[163]。因此，研究航空器与车辆混合运行风险，对提升民航运行安全有积极意义和实用价值。

2008 年刘刚等基于航空器损伤和人员设备损失建立机坪事故树，并用灰色关联法分析各因素影响[164]。2010 年孙殿阁将飞机剐蹭事件分为 4 类，用领结图(bow-tie)技术分析机场风险事件[165]。2017 年郭备战等统计航空器地面刮碰历史数据，分析典型案例[8]。费春国等用改进隶属函数的模糊综合评估法评价电动特种车辆安全指标[167]。2019 年邵荃等提出基于前端数据的廊桥刮碰航空器风险评估方法体系[166]。2020 年王永刚等建立了场面航空器受损事故树，应用事故树分析法(FTA)-优劣解距离法(TOPSIS)构建防控风险贴近度指标，对机场各业务风险防控现状进行评价[168]。2021 年刘兵飞从内因和外因两个角度建立机场飞行区无人驾驶特种车辆风险评估模型，并对风险因素进行权重判断和综合评估[169]。上述研究多采用构造事故树等方法，分析危险源和风险事件的相关性，评估危险源之间的关联度和重要度，能用于战略、预战术范畴的风险识别与管控。但在战术运行阶段，只有掌握航空器与车辆在关键位置的风险概率和冲突趋势的动态变化，才能提供实时冲突预警并进行风险控制。

多项研究表明，人员技能低、操作不规范、疲劳作业等人为因素是导致机场不安全事件的最重要原因。在统计的 563 起航空器地面运行事故原因中，机组占 5.2％，空管占 0.4％，地面保障人员占 61.4％[8]，这是由于引导车等特种车辆驾驶员仅通过地服企业的培训即可上岗作业，培训和考核标准不统一，导致车辆驾驶员操作有较大随意性，驾驶方式差异是造成场面交通风险的主要因素。传统地面交通安全研究中，驾驶行为和特性一直是研究热点，例如：将驾驶方式、换道意图和元胞自动机[134]相结合，建立交通流模型，并讨论驾驶方式变更和换道敏感等特性对交通流演化的影响[170-171]；利用数理统计规律，研究驾驶员复杂反应、速度估计与人格特征之间的关系[172]；量化驾驶行为指标并建立驾驶人危险感知能力预测模型[173]。目前相关研究仅针对道路交通，未涉及航空器滑行过程、管制间隔、车辆避让规定等机场运行规则，相关研究成果不能应用于机场场面风险评估与管理中。因此，需针对车辆与航空器运行相互影响和风险演化开展研究。

4.2　航空器离场运行风险演化研究

本节抽象日常航空器离场管制与机组操作作业流程、信息交互过程，构建复杂网络，分析网络拓扑结构，定义风险产生及传播规律，考虑风险管理效果的时效性，基于改进 SIRS(susceptible infectious recovered susceptible，易感—感染—免疫—易感)模型仿真风险传播并评估效果，以期为识别离场管制关键环节和风险管理提供解决方法。

4.2.1　航空器离场管制网络节点抽象

如图 4-1 所示，航空器离场运行在空管管制下分为放行许可发布、地面管制、塔台管制 3 个阶段，分别由各席位管制员提供管制服务和情报服务[89]。

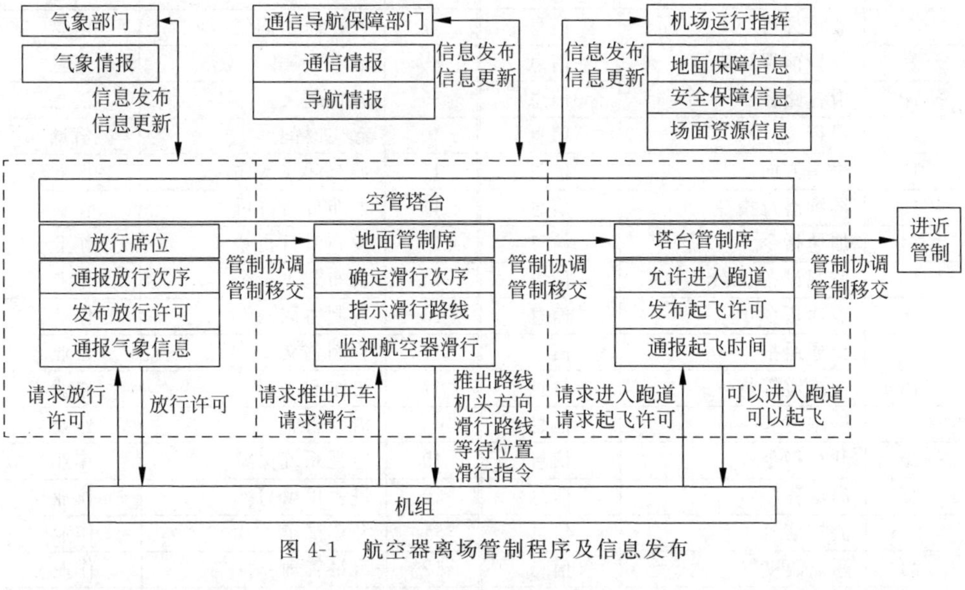

图 4-1　航空器离场管制程序及信息发布

放行管制员负责确认航班场面保障状态，核实放行次序，发布放行许可，通报气象条件。地面管制员安排航空器推出路线和开车时机，发布推出、开车指令，机组在牵引车和航空器机务的协助下离开机位、开启引擎，然后地面管制员规划滑行路线并发布滑行指令，指挥航空器向起飞跑道入口滑行。塔台管制员负责观察跑道的使用情况，并安排航空器进入跑道，发布起飞指令。当航空器在放行、推开、滑行、起飞各阶段运行时，管制员之间会交换协调信息，移交管制权限。在实施各岗位管制作业的同时，管制员将更新气象、通信导航设备信息，还接收机场运行控制中心发布的离场航空器的保障进度和场面资源状态信息，并将相关信息及时通报给飞行员。

根据图4-1及我国空中交通管制规则[89,92]，将航空器离场管制过程涉及的信息、任务、参与者划分为3类，共75个节点。信息是指指令发布、情报更新、状态报告等信息交互环节，共40个节点；任务是指管制业务、保障程序和机组操作等由参与方共同或独立完成的作业环节，共26个节点；参与者是指离场保障及管制过程中的主要运行人员或参与单位，共9个节点。各节点序号、信息及名称见表4-1。

表4-1 网络节点信息

序号	节点名称	类型	序号	节点名称	类型
1	导航设备状态	信息	30	使用跑道号	信息
2	地面风速风向	信息	31	停驻机位	信息
3	灯光设备状态	信息	32	通信设备状态	信息
4	等待指令	信息	33	推出路线	信息
5	放行次序	信息	34	脱波指令	信息
6	放行时间	信息	35	位置通报	信息
7	放行需求	信息	36	温度	信息
8	放行许可	信息	37	修正海平面气压值	信息
9	飞行前保障进度	信息	38	云高	信息
10	滑行路径	信息	39	允许起飞	信息
11	滑行终止点	信息	40	起飞时间	信息
12	机头方向	信息	41	调整起飞次序	作业
13	继续滑行指令	信息	42	发布放行许可	作业
14	加速指令	信息	43	发布滑行指令	作业
15	监视设备状态	信息	44	发布起飞指令	作业
16	减速指令	信息	45	管制协调	作业
17	交通通报	信息	46	管制移交	作业
18	进跑道等待	信息	47	滑跑起飞	作业
19	进跑道起飞	信息	48	滑行管制	作业
20	开车指令	信息	49	监视系统保障	作业
21	离场程序	信息	50	进程单填写	作业
22	流控信息	信息	51	开车试车	作业
23	露点温度	信息	52	流量管理	作业
24	能见度	信息	53	跑道分配	作业
25	跑道外等待	信息	54	跑道检查	作业
26	跑道状态	信息	55	起飞管制	作业
27	其他意图	信息	56	气象信息更新	作业
28	起飞次序	信息	57	情报通报	作业
29	起飞后机动飞行	信息	58	通报放行时间	作业

续表

序号	节点名称	类型	序号	节点名称	类型
59	通报放行需求	作业	68	机场运行指挥员	人员
60	通报离场程序	作业	69	地面管制员	人员
61	通报离场条件	作业	70	放行管制员	人员
62	通信与导航系统保障	作业	71	机组	人员
63	推出开车管制	作业	72	进近管制员	人员
64	信息通报	作业	73	气象部门	人员
65	指令复诵	作业	74	区域管制中心	人员
66	助航设施灯光保障	作业	75	塔台管制员	人员
67	通信与导航保障部门	人员			

4.2.2 航空器离场管制复杂网络构建

1. 网络构建

定义 G 为航班离场程序网络，G 的表达式为

$$G=(V,E) \tag{4-1}$$

其中，$V=\{v_i, i\in \mathbf{N}\}$ 是节点集合，$E=\{e_{ij}, i\neq j, i,j\in \mathbf{N}\}$ 是节点之间的边集合，$e_{ij}=(v_i,v_j)$，说明 e_{ij} 为自 v_i 指向 v_j 的有向边。

参与者完成各阶段任务，人员、单位至各类任务、作业之间形成单向边，任务实施将产生关联任务或信息，任务之间、任务与产出信息之间形成单向边，信息发布对象为参与者，信息与发布对象之间形成单向边。图 4-2 给出由人员(白色)、任务(黑色)、信息(灰色)共 75 个节点、252 条单向边形成的航空器离场管制有向网络。

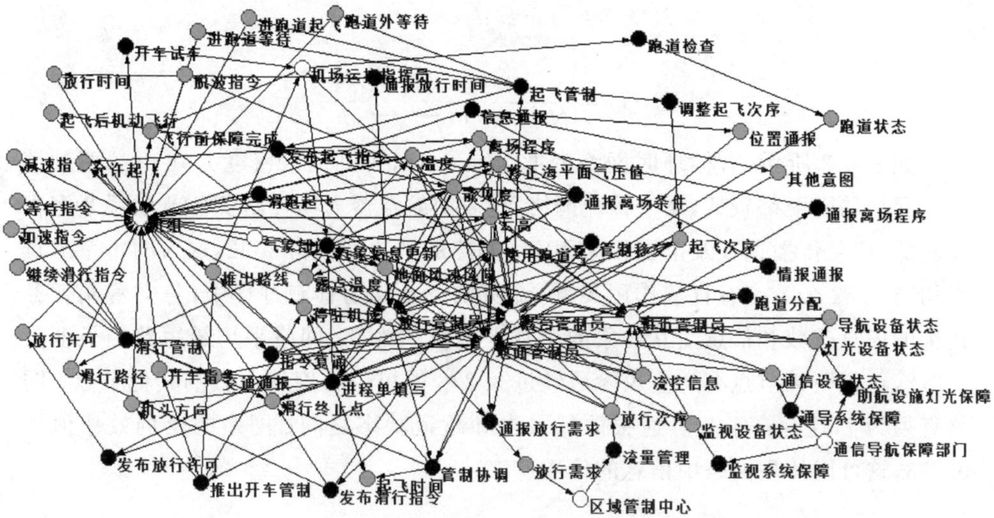

图 4-2　航班离场管制复杂网络

航空器接受不同岗位的管制员指挥，获取多种指令和航行情报，同时向管制员反馈意图和操作进度。管制员监控多架航空器，发布多种指令，并接收机组意图和其他管制员的协调信息。因此，航空器离场管制网络是综合体现航空器场面运行程序、管制业务流程、信息交互的人在环复杂网络。网络各节点可能会由于人为疏忽、信息错误、作业失误形成风险源，若风险节点未被及时发现，并随着业务推进和信息交互对关联任务、信息和接受对象形成干扰和误导，就会造成新的风险节点，由此形成风险传播和扩散。

2. 网络静态结构特征

设 n_{ij} 为有向边 e_{ij} 的条数，节点 v_i 的邻边数 k_i 为该节点 v_i 的度：

$$k_i = \sum_{j=1,2,\cdots,N,e_{ij}\in E} n_{ij} + \sum_{j=1,2,\cdots,N,e_{ji}\in E} n_{ji} \tag{4-2}$$

网络节点数为 N，网络的平均度 $<k>$ 为

$$<k>=\frac{1}{N}\sum_{i=1}^{N} k_i \tag{4-3}$$

网络 G 的网络密度 $d(G)$ 定义为

$$d(G)=\frac{2}{N(N-1)}\sum_{i=1}^{N} k_i \tag{4-4}$$

设 d_{ij} 为节点 v_i 和 v_j 之间的最短路径，平均最短路径 $<l>$、网络直径 D、全局效率 E 分别为

$$<l>=\frac{1}{N^2}\sum_{j=1}^{N}\sum_{i=1}^{N} d_{ij} \tag{4-5}$$

$$D(G)=\max_{1\leqslant i,j\leqslant N} d_{ij} \tag{4-6}$$

$$E(G)=\frac{1}{N(N-1)}\sum_{j=1}^{N}\sum_{i=1}^{N}\frac{1}{d_{ij}} \tag{4-7}$$

如表 4-2 所示，有循环时网络密度为 0.0448，否则网络密度为 0.045，两种情况下网络的密度都较低，属于稀疏网络，这表明航空器离场管制各环节联系紧密程度较低，信息传播途径及范围较为固定；网络的平均度值为 5.52，这表明每个节点平均与 5.52 个节点有直接作用关系，说明航空器离场管制过程中，各类管制任务产生的信息条数和信息交互对象的个数平均值约为 6；网络平均最短路径长度为 3.278，这说明某节点在产生风险后经过 3.278 的单位长度就会影响其他节点；网络直径为 7，这存在于节点通报放行需求和跑道状态之间；网络的全局效率值为 0.273，这可以体现网络中信息的传递速度。

表 4-2　航班离场程序网络整体参数

参　数	整体网络参数
节点数(个)	75
边数(条)	252
网络密度(有环/无环)	0.0448/0.045
网络平均度	5.52
平均最短路径长度	3.278
网络直径	7
网络全局效率	0.273

3. 节点特征

为研究各节点在网络中的位置和作用,对节点重要度进行量化计算。由文献[174-176],节点重要性受其本身信息和邻居节点影响,因此评估各节点的邻居节点数量能判断节点的重要程度。同时评估节点在网络路径中的链接作用能量化节点在风险传播路径中的特殊性,由此计算节点的度[174]、介数[175]、接近度中心性[176]以评估节点的重要性。

将任意节点 s 到 t 的所有最短路径数量记为 δ_{st},节点 s 到 t 的最短路径中经过节点 i 的数量记为 $\delta_{st}(i)$,两者比值为节点 i 的介数:

$$b_i = \sum_{s \neq t \neq i \in [1,N]} \frac{\delta_{st}(i)}{\delta_{st}} \tag{4-8}$$

节点 i 与其他节点最短平均路径之和的倒数为节点 i 的接近度中心性:

$$C_i = \frac{N-1}{\sum_{j \neq i \in [1,N]} d_{ij}} \tag{4-9}$$

表 4-3 给出网络各节点度、接近度中心性和介数的分布情况。

表 4-3　网络节点度、接近度中心性和介数分布

序号	度	接近度中心性	介数	序号	度	接近度中心性	介数
1	4	0.398	25	12	3	0.394	3
2	7	0.484	39	13	2	0.374	1
3	4	0.398	41	14	2	0.374	1
4	2	0.374	1	15	4	0.398	41
5	5	0.420	123	16	2	0.374	1
6	2	0.359	32	17	3	0.430	26
7	2	0.298	137	18	2	0.381	2
8	2	0.363	32	19	2	0.381	2
9	4	0.396	89	20	3	0.394	3
10	3	0.378	3	21	7	0.463	53
11	6	0.451	49	22	4	0.411	0

续表

序号	度	接近度中心性	介数	序号	度	接近度中心性	介数
23	6	0.474	27	50	15	0.474	283
24	8	0.487	45	51	2	0.351	35
25	2	0.381	2	52	2	0.302	128
26	2	0.354	33	53	2	0.394	15
27	2	0.374	11	54	2	0.300	38
28	5	0.416	47	55	6	0.394	216
29	2	0.349	1	56	15	0.517	431
30	10	0.493	111	57	2	0.374	11
31	7	0.457	202	58	2	0.343	37
32	4	0.398	25	59	4	0.413	142
33	5	0.402	58	60	2	0.357	7
34	2	0.379	32	61	8	0.392	54
35	2	0.374	11	62	3	0.295	18
36	6	0.474	27	63	5	0.392	29
37	8	0.487	45	64	4	0.381	109
38	7	0.481	36	65	4	0.460	244
39	3	0.396	2	66	2	0.292	9
40	2	0.326	0	67	3	0.234	0
41	2	0.320	4	68	6	0.370	129
42	3	0.381	37	69	27	0.540	670
43	4	0.404	38	70	22	0.465	451
44	8	0.372	57	71	36	0.517	915
45	6	0.420	44	72	14	0.423	84
46	4	0.416	37	73	1	0.343	0
47	2	0.423	95	74	2	0.236	133
48	9	0.423	174	75	25	0.525	652
49	2	0.292	9				

度表示节点与其他节点的连接个数，是直接度量节点中心性的指标。机组、地面管制员、塔台管制员、放行管制员为度最大的4个节点，分别为36，27，25，22。这说明航空器离场管制网络的核心是飞行员和管制员，由这4类人员为源头触发各类运行作业，形成信息交互，同时这4类人员还是多种情报、指令、任务的接收者。其中，机组入度为29，是机组出度的4.14倍，这是由于航空器离场运行中，飞行员不断接收管制指令和情报，还将按照管制员要求进行位置和状态报告，因此飞行员在网络中常处于被动操作和信息接收的状态。

接近度中心性体现了节点网络几何位置重要性，该值越大说明节点与其他节点距离越近。航空器离场管制网络的中心节点为地面管制员和塔台管制员，接近度中心性最大分别为0.54和0.525，说明这两类管制员与其他节点的联系较为紧密，他们发生错、忘、漏等人为失误，将很快影响到管制业务的实施，进而产生错误指令和情报，导致不安全事件的发生。

介数反映了节点对网络中不同区域的连接能力。机组的介数最大为915，是排名第2的地面管制员的1.36倍，这说明网络中不同分支的节点经过机组的连接形成了最短路径。这是由于机组在离场运行各个阶段接收不同管制员指令，成为网络各局部分支之间的连接节点。由此可知机组的操作正确性和及时性能直接影响网络的各区域的衔接的稳定性和网络风险传播的范围。

4.2.3 航空器离场管制网络风险传播

1. SIRS传播规则

目前相关研究常利用SIR模型来模拟航空风险传播[159-160]，其特点为：节点恢复后将不再被风险节点影响，永远保持恢复状态。这是由于SIR模型常用于模拟传染病传播，病人痊愈后产生免疫，不会再被传染。但航空运行却并非如此，相关单位会采用多种风险管理策略以识别并排除风险，并促使该环节维持正常状态，但风险管理效果会随时间的增加逐渐降低，节点又将存在风险隐患。因此利用SIRS模型来模拟风险产生、传播、消散、复发的过程。将节点的状态定义为：易传染状态S(susceptible)、风险传染状态I(infected)、风险缓解状态R(relieved)。网络演化的时间单位即为风险传播周期，为无量纲参数。每个周期每个节点仅有一种状态。

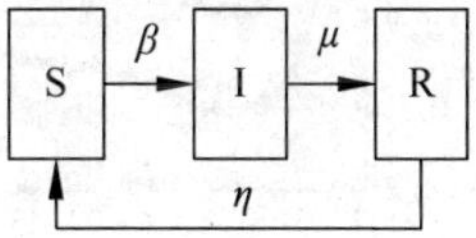

图4-3 风险传播规则

设β为传染概率，μ为风险缓解概率，η为恢复易传染概率，网络中各节点状态演化过程如图4-3所示。设$S(t)$、$I(t)$、$R(t)$分别为第t周期S、I、R状态节点比例，则有

$$S(t)+I(t)+R(t)=1 \tag{4-10}$$

SIR模型的动力学行为可以描述为如下的微分方程组：

$$\begin{cases}\dfrac{\mathrm{d}S(t)}{\mathrm{d}t}=\eta S(t)-\beta I(t)S(t)\\[2ex]\dfrac{\mathrm{d}I(t)}{\mathrm{d}t}=\beta I(t)S(t)-\mu I(t)\\[2ex]\dfrac{\mathrm{d}R(t)}{\mathrm{d}t}=\mu I(t)-\eta S(t)\end{cases} \tag{4-11}$$

以上规则作用于航空器离场管制网络中，描述风险传播过程，可理解为：航空器离场管制网络中各节点可由于人为因素、操作失误和信息混淆等形成风险节点，并以传染概率β影响后续任务、发布信息或交互对象，由于人员培训、业务优化、信息校验等措施，风险节点以风险缓解概率μ转为风险缓解状态，由于风险管理的失效，该节点以概率η转为恢复易感染状态。

2. 网络传播仿真

综合文献[89,160]及多个民航保障岗位调研记录，令$\beta=0.1$，$\mu=0.3$，$\eta=0.3$，分

别设置三种初始风险节点产生方案：①在综合值最大的 10 个节点中随机产生；②在综合值最小的 10 个节点中随机产生；③在所有节点中随机产生。每种方案均进行 1000 次风险演化仿真并取平均值，图 4-4 为传播周期 1～50 的 S 节点(图 4-4(a))、R 节点(图 4-4(b))、I 节点(图 4-4(c))的比例。

如图 4-4 所示，随传播周期增加，正常节点比例先明显减少再逐渐增加，而恢复节点和风险节点比例呈先明显增加再逐渐减少趋势。对应相同周期，方案 1 的 S 节点比例最小，最小值为 0.75，R 节点和 I 节点比例最大，峰值分别为 0.147 和 0.108；方案 2 的 S 节点比例最大，最小值为 0.85，R 节点和 I 节点比例最小，峰值分别为 0.088 和 0.065；方案 3 的 3 种数据介于前两者之间。由于方案 1 的初始风险节点是综合值排名前 10 的节点，此类节点在网络中具有较高传输能力并位于网络中心，因此此类节点产生风险后，会对较多节点进行影响和干扰，使得风险传播的范围最广，在风险管控的作用下，按照概率 η 成为恢复节点比例最大。而方案 2 初始节点的综合值较小，对其他节点影响较少，风险在网络中传播范围较小。

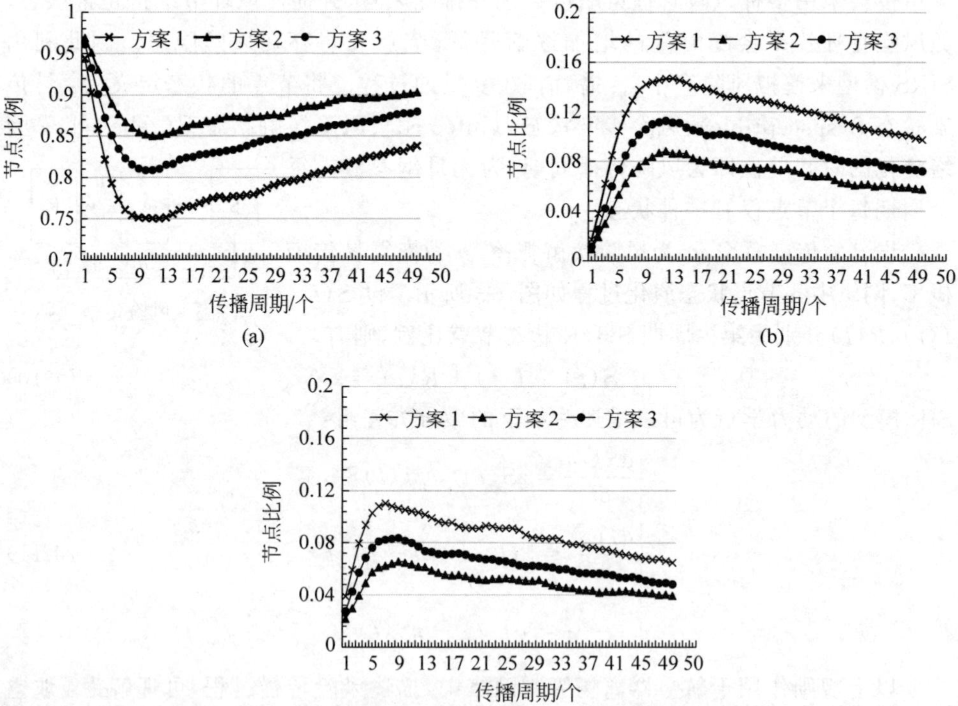

图 4-4　初始风险节点不同时风险传播结果

(a) S 节点比例；(b) R 节点比例；(c) I 节点比例

图 4-4(c)中风险传播峰值产生在时间 9，而图 4-4(b)中管控峰值产生在时间 12，这说明出现风险再进行控制的安全管理规则使风险管控具有一定滞后性，且二者数据变化趋势一致，这说明风险控制对风险传播有明显抑制作用。由此可知，在

进行风险防控时应着重关注综合值较大的节点，降低关键环节的风险产生概率和风险周期，及时高效的风险管控能有效控制风险传播范围。

图 4-5 给出某次仿真中，3 种方案下航班离场程序网络在传播周期 9 的各节点状态。

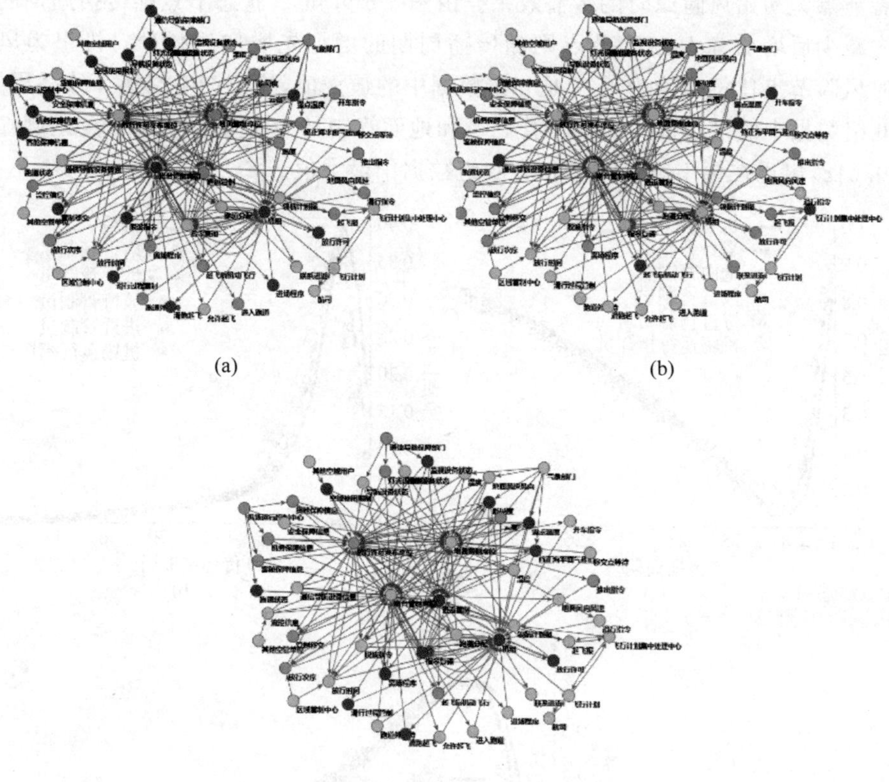

(a) (b) (c)

彩图 4-5

图 4-5 初始风险节点不同时周期 9 的节点状态

(a) 方案 1；(b) 方案 2；(c) 方案 3

图 4-5 中红色节点为风险节点，橙色节点为恢复节点，灰色节点为正常节点。由图 4-5 可直观得知，方案 1 中恢复节点和风险节点个数最多，方案 3 次之，方案 2 最小。图 4-5(a)中综合值前 10 的节点中仅 4 个节点为正常节点，4 个节点为恢复节点，2 个节点为风险节点，由此说明重要度较高的节点在风险传播中被影响的概率较大，关键节点存在风险时，风险传播至网络末端节点的比例较高，方案 1 中共有 18 个节点处于风险状态。图 4-5(b)中风险节点有 5 个，仅 1 个是综合值较大的节点，且网络末端节点为正常节点的比例较高，这说明当初始风险节点的重要度较低时，风险传播范围有限，对网络整体影响较小。而图 4-5(c)中风险节点、恢复节点的个数及位置分布介于前二者之间。由此可知，综合值大的节点是网络风险传播中关键节点，应对此类节点进行实时风险管控以降低风险传播影响。

令 $\beta=0.5, \mu=0.3, \eta=0.05$[159-160]，分别设置不同的初始风险源，利用 Python 编程来模拟 50 个传播周期的风险传播过程，为消除随机影响，每次仿真 1000 次并取均值。

由表 4-3 结论可知，参与者类节点为网络核心。图 4-6 给出度值较大的 6 个参与者节点为初始风险源时的传播效果。由图 4-6 可知，S 状态节点随传播周期的增加先减少后增加，I、R 状态节点则随传播周期的增加先增加后减少。机组为风险源时风险节点比例峰值为 0.4，是 6 组数据中的最大值，峰值产生在第 4 传播周期，是 6 组数据中的最小值。而塔台管制员和地面管制员为风险源时 R 节点比例峰值为 0.618，出现在第 12 传播周期，为 6 组数据中最大值。

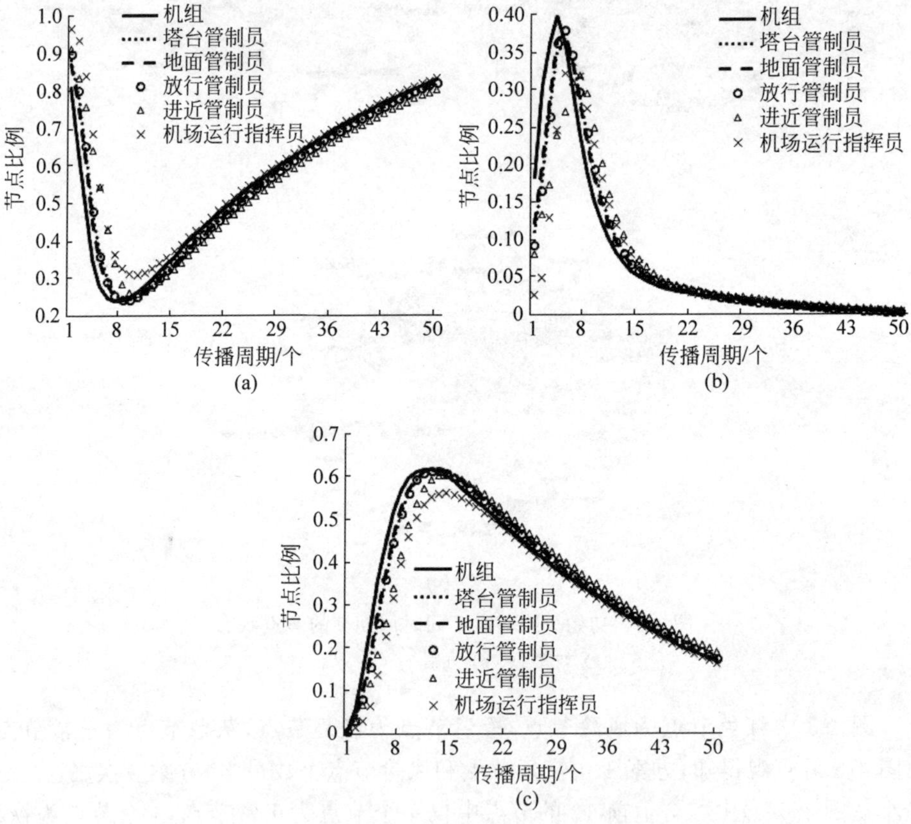

图 4-6　人员节点作为风险源时的传播效果

(a) S 节点比例；(b) I 节点比例；(c) R 节点比例

由此可知，机组对风险传播的扩散作用最明显，塔台管制员和地面管制员为风险源时能激发网络其他节点控制及管理风险，使网络中更多节点处于风险缓解状态。机场运行指挥员对网络影响较小，I 节点比例峰值为机组的 85.4%，R 节点比例峰值为塔台管制员的 90.6%。

图 4-7 给出任务类 8 个节点为初始风险源时的传播效果，其中滑行管制、起飞

管制、推出开车管制、发布放行许可为各管制员的独立任务，气象信息更新、进程单填写、管制移交、管制协调为多个管制员的共同任务。由图 4-7 可知，共同管制任务曲线差异较小，风险传播能力高于独立任务，独立任务中放行许可发布传染能力明显强于其他节点。气象信息更新的 I 节点比例峰值为 0.379，是起飞管制的 1.6 倍。这是由于独立任务仅在管制运行的某个阶段产生，且仅在局部网络产生影响，而共同任务在各管制岗位上均有发生，这类节点产生风险后在网络中影响范围更大。

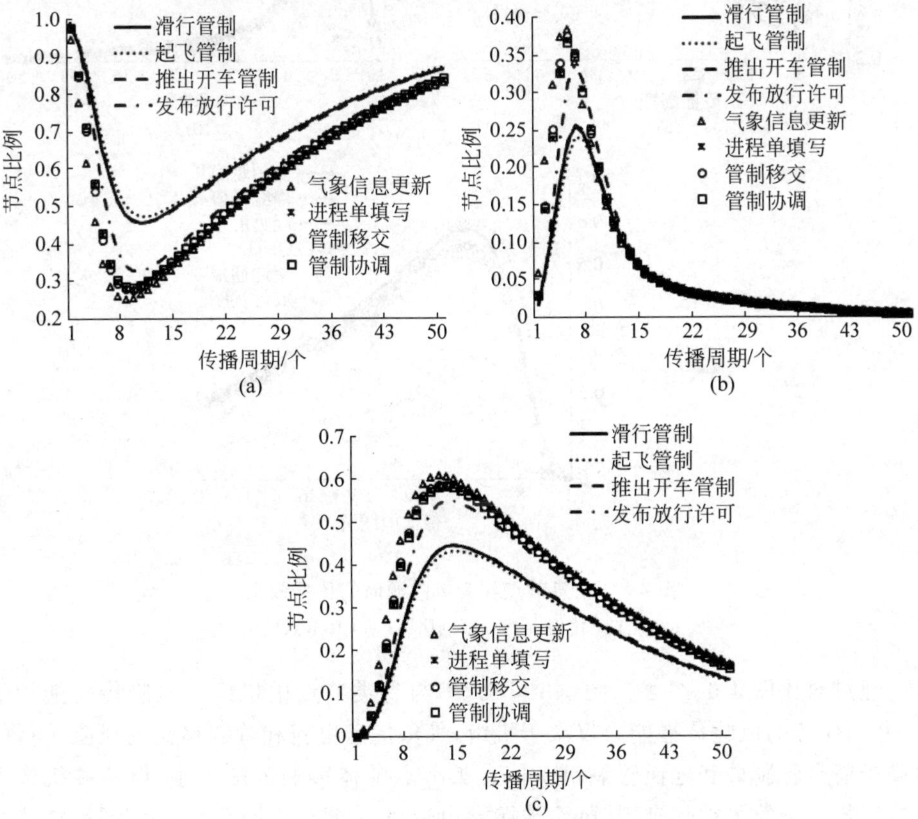

图 4-7 管制业务节点作为风险源时的传播效果

(a) S 节点比例；(b) I 节点比例；(c) R 节点比例

图 4-8 为交互信息作为初始风险源时的传播情况。停驻机位、使用跑道号涉及场面资源使用信息，其风险传播能力最强，传染峰值分别为 0.37 和 0.34。这是由于为保证航空器推出、滑行和起飞的安全，管制员会根据以上信息分配推出和滑行路线，并指挥飞机占用跑道起飞，以上信息多次在管制员和飞行员间传输，并影响飞行员的相关操作和管制员判断，因此该类信息产生错误和混淆，将对整个离场管制程序造成较大影响。QNH(query normal height，修正海平面气压)和能见度的影响次之，交通通报和放行次序等情报信息的影响最弱，其中放行次序为风险源时，其传染峰值仅为停驻机位的 12.9%，且传染和缓解峰值出现时期最晚。

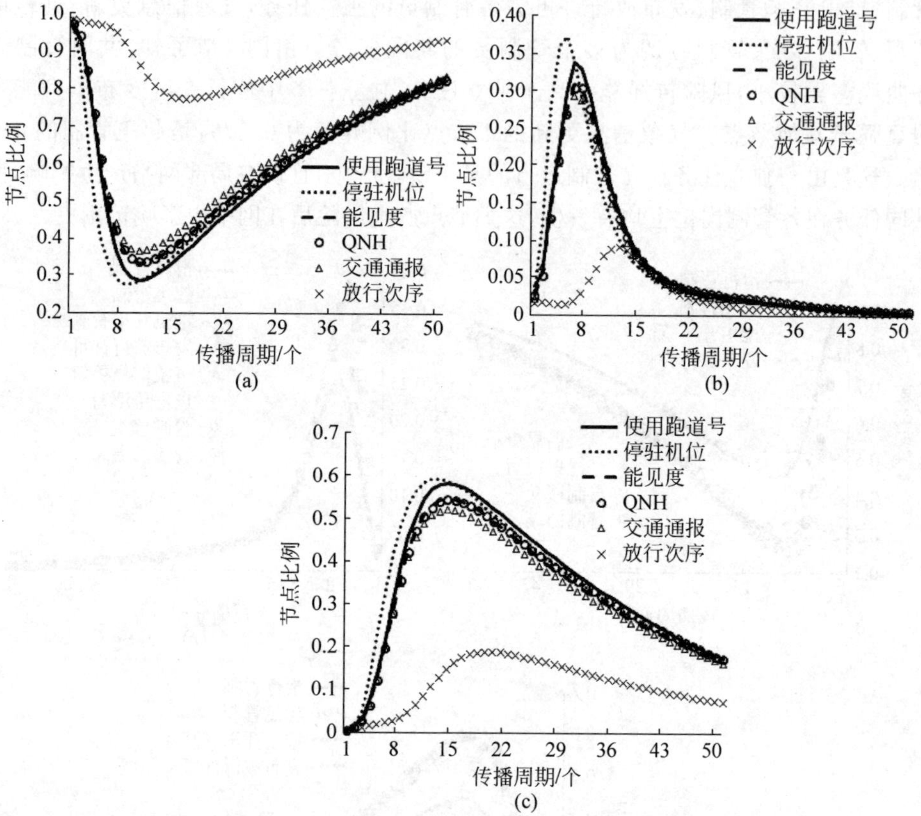

图 4-8　信息节点作为风险源时的传播效果

(a) S 节点比例；(b) I 节点比例；(c) R 节点比例

通过对比图 4-6、图 4-7、图 4-8 可知，参与者类节点中机组的风险传播能力最大，共同任务的风险传播能力仅次于机组，气象信息更新和管制移交的风险传播峰值高于塔台管制员和地面管制员。信息类节点整体影响范围较小，但停驻机位等涉及运行安全的关键信息，其风险传播能力较强。风险传染峰值越大，缓解峰值出现的周期越早，这说明当风险仅在局部传播时，影响范围小，隐蔽性强。网络中风险节点占比越大，越容易导致风险暴露，引发安全管理部门关注并实施风险管理。

图 4-9 给出 1000 次仿真中初始风险源节点处于易传染状态比例、传染其他节点成功比例、风险缓解状态比例。

由图 4-9 可知，参与者节点的传染能力较强，机组的传染成功比例最大，为 0.519。管制移交、发布放行许可、交通通报、放行次序的易传染状态比例较高，这说明以上节点风险缓解并转为易传染状态后，不容易被其他节点传染，因此难以再次转为风险缓解状态。而机组、地面管制员、塔台管制员、放行管制员、进程单填写、气象信息更新、QNH 值、使用跑道号、停驻机位、能见度的风险缓解状态比例较大，这说明以上节点易受其他节点影响，不断重复被传染→风险缓解的状态演化，

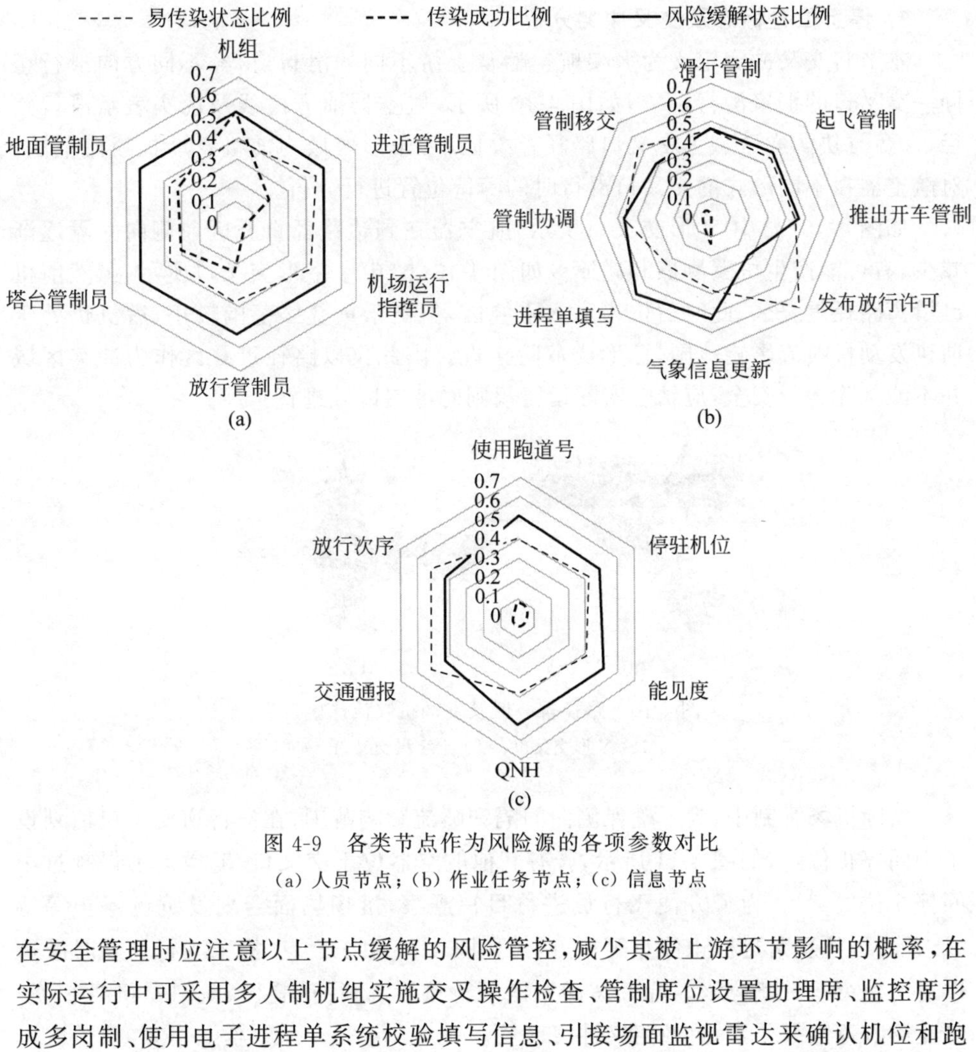

图 4-9　各类节点作为风险源的各项参数对比

(a) 人员节点；(b) 作业任务节点；(c) 信息节点

在安全管理时应注意以上节点缓解的风险管控，减少其被上游环节影响的概率，在实际运行中可采用多人制机组实施交叉操作检查、管制席位设置助理席、监控席形成多岗制、使用电子进程单系统校验填写信息、引接场面监视雷达来确认机位和跑道使用状态、使用航站自动通播系统定时更新发布气象情报等方法为关键节点增加“抗体”，提高抗感染能力。

4.3 航空器滑行冲突识别及评估

4.3.1 停止位置影响的交叉滑行冲突评估

针对相关研究对管制规则、滑行道结构及等待位置等关键因素考虑不全面，冲突概率计算结果存在较大误差等问题，本节基于实时滑行速度，抽象场面运行程序，考虑等待位置和喷流影响等关键要素，扩大冲突区域，建立航空器交叉冲突概率计算模型，进行仿真及实际数据验证。

1. 停止位置标志及交叉冲突分析

本节将交叉冲突定义为多架航空器从上游不同的滑行道，经不同方向滑行至同一交叉口的汇聚滑行现象，如图 4-10 所示，航空器前方虚线及箭头表示滑行路径，深色方块阴影区域为交叉口路径重叠区，三角形区域为前机发动机喷流范围。对航空器在不同形式的交叉口滑行时的等待位置进行分析。

如图 4-10(a)中 Y 形交叉口所示，航空器在到达路径重叠区前侧向间隔逐渐减少，有可能产生机翼剐擦和碰撞。如图 4-10(b)中十字形交叉口所示，虽然前机已滑离路径重叠区，此时后机未进入重叠区，但由于重叠区范围较小，后机仍处于前机发动机喷流影响范围，已形成危险接近。因此仅以路径重叠区作为冲突区域并不能保障运行安全，应结合实际运行规则对冲突区域进行扩展。

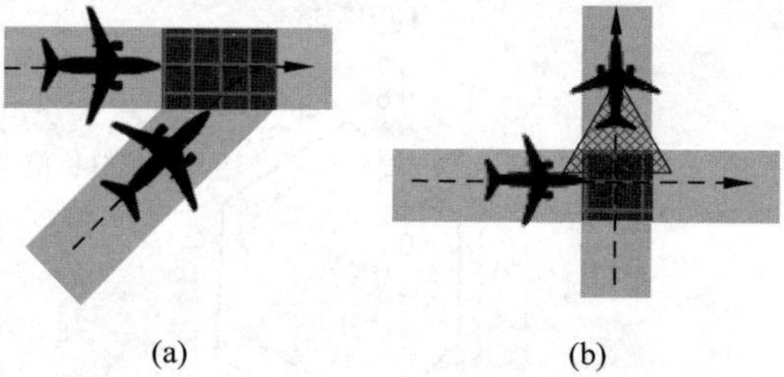

图 4-10 路径重叠区及发动机喷流影响区

(a) Y 形交叉口；(b) 十字形交叉口

实际机场管制中，为了确保侧向间隔和喷流影响范围，在滑行道交叉口前划设了中间停止位置，如图 4-11 所示，若有其他航空器位于交叉口，航空器不得越过中间停止位置[89]。为了方便飞行员进行目视观察，机场场面会划设黄色停止等待线，并在该位置附近标识停止等待点，例如图 4-11 中 HP 点，提示飞行员及时减速以避免冲突。由此应该综合考虑冲突区等待位置、路径重叠区、航空器机身长度、喷流影响范围等要素，重新定义冲突区域。

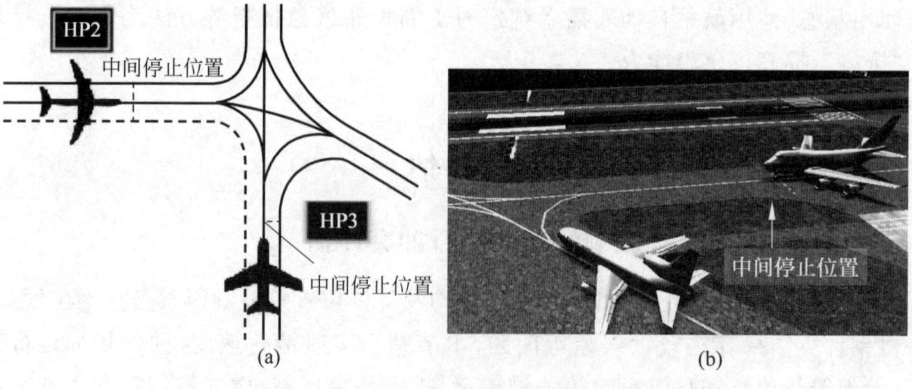

图 4-11 航空器滑行交叉口停止位置示意图

(a) 示意图；(b) 仿真图

2. 停止位置影响的航空器交叉冲突模型

以滑行道系统中最常见的 T 形交叉口为例，描述交叉滑行各参数。图 4-12 描述了 T 形交叉口两架航空器 f_m 与 f_n 交叉滑行的情况。

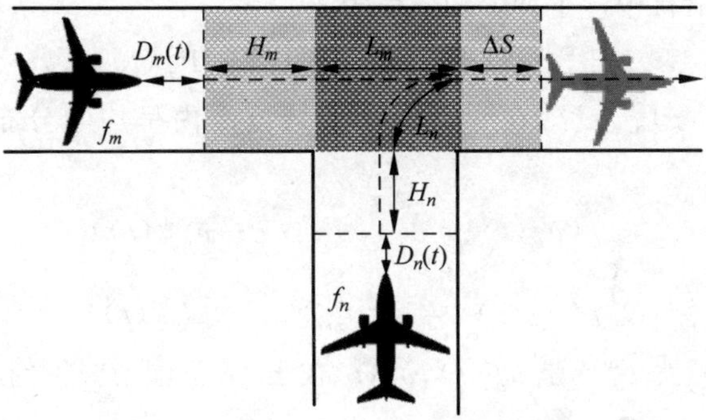

图 4-12 航空器滑行交叉冲突区域

如图 4-12 所示，深灰色部分为交叉口路径重叠区，航空器 f_m 与 f_n 在此区域内滑行距离分别为 L_m 与 L_n，该参数与滑行道构型相关。下游滑行道上，长 ΔS 的浅灰色阴影区域为前机喷流影响范围，该参数由前机机型、滑行速度等因素综合决定，$\Delta S=\{\Delta S_m,\Delta S_n\}$。$l_m$、$l_n$ 为机身长度。上游滑行道中间等待位置与路径重叠区边缘距离为 H_m、H_n。t 时刻，两机的速度分别为 $v_m(t)$、$v_n(t)$，与前方中间等待位置相距 $D_m(t)$、$D_n(t)$。根据上文分析，交叉滑行冲突区域由路径重叠区、中间等待区、前机尾流区三部分构成。

根据我国机场管制规则[89,92]，若两架航空器同时位于冲突区域，会造成间隔不够或拥堵，形成滑行冲突。因此未冲突的情况为：当航空器经过交叉口且全机身位于冲突区域外侧(图 4-12 中浅灰色航空器位置)时，另一架航空器才可进入冲突区域。

设 C_m、C_n 分别为航空器 f_m、f_n 在冲突区域内的滑行距离：

$$\begin{cases} C_m = H_m + l_m + \Delta S_m + L_m \\ C_n = H_n + l_n + \Delta S_n + L_n \end{cases} \tag{4-12}$$

在 t 时刻不发生冲突的条件为

$$\left(\frac{D_m(t)+C_m}{v_m(t)} < \frac{D_n(t)}{v_n(t)}\right) \cup \left(\frac{D_n(t)+C_n}{v_n(t)} < \frac{D_m(t)}{v_m(t)}\right) \tag{4-13}$$

令 $P_m(t)$、$P_n(t)$分别为 f_m、f_n 先经过冲突区域且不冲突概率：

$$\begin{cases} P_m(t) = P\left(\dfrac{D_m(t)+C_m}{v_m(t)} < \dfrac{D_n(t)}{v_n(t)}\right) \\ P_n(t) = P\left(\dfrac{D_n(t)+C_n}{v_n(t)} < \dfrac{D_m(t)}{v_m(t)}\right) \end{cases} \tag{4-14}$$

由于式(4-14)的两种情况无法同时发生，因此 t 时刻两机正常运行的概率 $P_{m,n}^{\text{safe}}(t)$ 为

$$P_{m,n}^{\text{safe}}(t)=P_m(t)+P_n(t) \tag{4-15}$$

而航空器在交叉滑行中产生冲突的概率为

$$P_{m,n}^{\text{conflict}}(t)=1-(P_m(t)+P_n(t)) \tag{4-16}$$

设 t 时刻 $v_m(t)$、$v_n(t)$ 在一个较小值域范围内呈均匀分布，设概率密度函数为

$$\begin{cases} f(v_n(t))=1/(v_n^{\max}(t)-v_n^{\min}(t)) \\ f(v_m(t))=1/(v_m^{\max}(t)-v_m^{\min}(t)) \end{cases} \tag{4-17}$$

其中 $v_m^{\min}$、$v_m^{\max}$、$v_n^{\min}$、$v_n^{\max}$ 是 $v_m(t)$、$v_n(t)$ 在 $\pm\Delta v$ 范围增减得到的：

$$\begin{cases} v_m^{\min}=\max(0,v_m(t)-\Delta v) \\ v_m^{\max}=\min(v_m(t)+\Delta v,v_{\max}) \\ v_n^{\min}=\max(0,v_n(t)-\Delta v) \\ v_n^{\max}=\min(v_n(t)+\Delta v,v_{\max}) \end{cases} \tag{4-18}$$

将式(4-14)改写为

$$v_n(t)<\frac{D_n(t)}{D_m(t)+C_m}v_m(t) \tag{4-19}$$

$$v_n(t)>\frac{D_n(t)+C_n}{D_m(t)}v_m(t) \tag{4-20}$$

式(4-19)、式(4-20)可视为描述 $v_m(t)$、$v_n(t)$ 线性关系的函数 $\varphi(v_m(t),v_n(t))$、$\varphi'(v_n(t),v_m(t))$。

由式(4-16)～式(4-19)可知，图 4-13 中阴影范围为满足式(4-18)、式(4-19)条件的 $v_m(t)$、$v_n(t)$ 范围。设两种情况下，阴影范围面积分别为 $S(t)$、$S'(t)$。由式(4-13)，将两个航空器不发生冲突的条件改写为

$$P_m(t)=\iint_{S(t)} g(v_m(t),v_n(t))\mathrm{d}v_n(t)\mathrm{d}v_m(t) \tag{4-21}$$

$$P_n(t)=\iint_{S'(t)} g(v_n(t),v_m(t))\mathrm{d}v_n(t)\mathrm{d}v_m(t) \tag{4-22}$$

求解可得

$$P_m(t)=\frac{D_m(t)+C_m}{D_n(t)}\cdot S(t)\cdot f(v_m(t))\cdot f(v_n(t)) \tag{4-23}$$

$$P_n(t)=\frac{D_m(t)}{D_n(t)+C_n}\cdot S(t)\cdot f(v_m(t))\cdot f(v_n(t)) \tag{4-24}$$

将式(4-21)、式(4-22)代入式(4-16)，可得每时刻 t 的冲突概率，同时考虑防止概率

值溢出大于1且不为负数，将式(4-16)改写为

$$P_{m,n}^{\text{conflict}}(t)=\max(0,\min(1,1-(P_m(t)+P_n(t))))\tag{4-25}$$

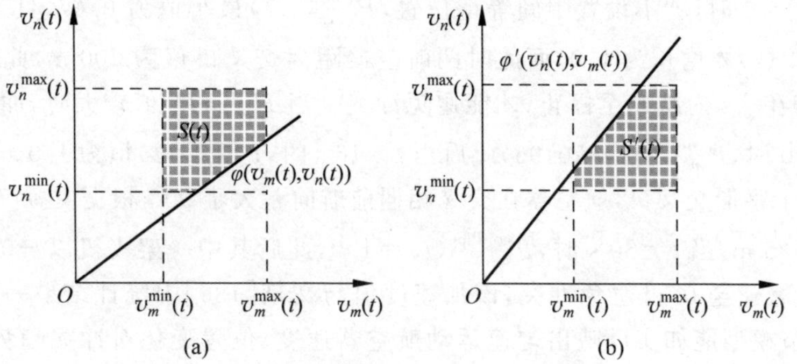

图 4-13 两种不冲突情况下的速度范围

(a) f_m 先经过交叉口；(b) f_n 先经过交叉口

3. 仿真模拟和数据分析

设 f_m、f_n 为交叉滑行的两架航空器，H_m、H_n 取值范围为[0,150] m，每次仿真令 H_m、H_n 增加 5 m，令 $t\in[1,100]$ s，根据我国管制规则[92]，航空器滑行最大速度 $v_{\max}=13.8$ m/s。设置每时刻航空器速度增减范围 $\Delta v=0.5$ m/s[137,146]，两架飞机距离冲突区域边界 800 m。由于我国民航尾流等级 M 的机型运行比例达到 83%，因此以该类型运输机型为例，设航空器机身长为 50 m。设机场飞行区级别为 4F，根据滑行道宽度限制，设交叉口滑行距离均为 45 m，发动机喷流影响范围为 50 m[92]。每次根据时间 t、中间等待位置 H_m 及 H_n 的变化仿真计算冲突概率，共得到 100×31 个概率值。

对匀速运动状态下冲突概率变化进行仿真计算，设 f_m、f_n 进行速度为 5 m/s 的匀速、等距离运动，图 4-14 给出冲突概率变化情况。

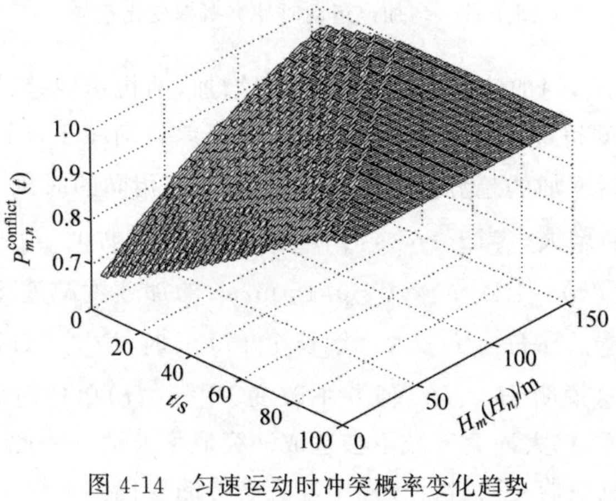

图 4-14 匀速运动时冲突概率变化趋势

如图 4-14 所示，匀速运动时，随着时间增加，两机不断接近，因此冲突概率与 t 和 H_m、H_n 均呈正相关。当 H_m、H_n 值较小时，冲突概率随 t 增加程度较小；当 $H_m=H_n=0$ 时，即不设置中间等待位置，$P_{m,n}^{\text{conflict}}(t)$ 最小值为 0.67，且当 $t=98$ s 时，$P_{m,n}^{\text{conflict}}(t)$ 才增长为 1.0，而此时两航空器距离交叉口仅为 100 m，此时其中一架飞机需在 2 s 内减速至停止，才能避免冲突。当 H_m、H_n 值较大时，冲突概率值较大，$t=0$ 时，$P_{m,n}^{\text{conflict}}(t)=0.95$，此后当 $t>16$ s 时，$P_{m,n}^{\text{conflict}}(t)$ 恒为 1.0。根据常见的 T 形、十字形交叉口，航空器在交叉相遇前航向差大于 90°，根据文献[91]，H_m、H_n 约为 35 m，当 $t=80$ s 时，$P_{m,n}^{\text{conflict}}(t)=1.0$，此后其中一架飞机以 -0.25 m/s^2 的加速度减速至 0，可避免冲突，该加速度值与文献[136]中统计结果一致。由此可知，本节模型能如实反映出匀速运动航空器速度、位置变化对冲突趋势的影响，仿真计算结果与实际运行情况相符。

对匀加速运动状态下冲突概率变化进行仿真计算，设 f_n 进行速度为 5 m/s 的匀速运动，f_m 初始速度为 0，以加速度 0.1 m/s^2 做匀加速运动，图 4-15 给出冲突概率变化情况。

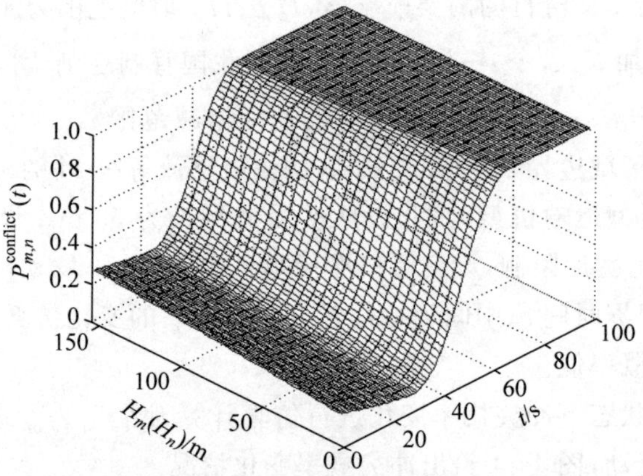

图 4-15　匀加速运动时冲突概率变化趋势

如图 4-15 所示，匀加速运动时，随着时间增加，两机速度差、距离差均增加，当 f_m 不断加速，速度超过 4 m/s，两机速度差、距离差逐渐减小，因此随着 t 增加，冲突概率呈先减少后增加的趋势。当 $t\leqslant 65$ s 时，对应相同的时刻 t，$P_{m,n}^{\text{conflict}}(t)$ 随着 H_m、H_n 的增加而增大。当 $t>65$ s 时，$P_{m,n}^{\text{conflict}}(t)$ 恒为 1.0。当 H_m、H_n 为 35 m，$t=62$ s 时，$P_{m,n}^{\text{conflict}}(t)=1.0$，$f_m$ 以 -0.16 m/s^2 的加速度减速至 0，可避免冲突。需要特别说明的是：当 H_m、H_n 由 0 增长至 150 m 时，$P_{m,n}^{\text{conflict}}(t)$ 由最小值增长到 1.0 均用时 33 s，这说明 H_m、H_n 值并不改变 $P_{m,n}^{\text{conflict}}(t)$ 单位时间增长率，设置或划设中间等待位置，扩大冲突区域不会造成冲突概率波动。由此可知，该模型能仿真匀加速运动中航空器交叉滑行过程中冲突趋势的变化。

设 f_n 进行速度为 5 m/s 的匀速运动，f_m 初始速度为 10 m/s，以 −0.1 m/s^2 的加速度匀减速，直至停止，图 4-16 给出冲突概率变化情况。

如图 4-16 所示，f_m 匀减速运动时，随着时间增加，两机速度差、距离差均减少，因此当 $t \leqslant 57$ s 时，$P_{m,n}^{\text{conflict}}(t)$ 恒为 1.0。$t=58$ s 时 f_m 的速度降至 4.6 m/s，此后随着 f_m 不断减速，两机速度差、距离差逐渐增加，冲突概率减少。在此过程中，$P_{m,n}^{\text{conflict}}(t)$ 下降趋势分为三阶段：第一阶段下降趋势明显，从 1.0 快速下降至较小值；第二阶段为较小值平台期，$P_{m,n}^{\text{conflict}}(t)$ 基本不变；第三阶段 $P_{m,n}^{\text{conflict}}(t)$ 缓慢下降至最小值。其中，第一阶段快速下降用时均为 26 s，这说明 H_m、H_n 值并不改变 $P_{m,n}^{\text{conflict}}(t)$ 单位时间下降率，这与匀加速运动情况一致。第二阶段平台期，$P_{m,n}^{\text{conflict}}(t)$ 较小值随着 H_m、H_n 的增加而增大：当 H_m、H_n 为 0 时，该值为 0.45；当 H_m、H_n 为 150 m 时，该值为 0.54。第三阶段 $P_{m,n}^{\text{conflict}}(t)$ 每秒下降率仅为 0.01，说明此时 f_m 速度小于 1 m/s，每秒钟位置差异很小，因此冲突概率变化幅度很小。

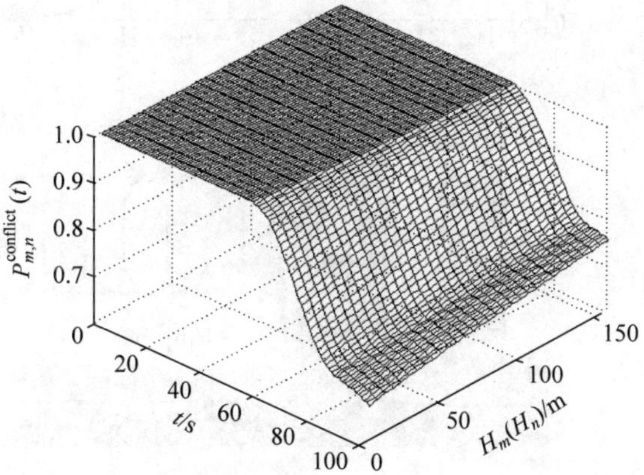

图 4-16 匀减速运动时冲突概率变化趋势

通过对比图 4-14～图 4-16 可知，本节模型并不改变冲突概率随时间变化的总体趋势，与实际运行情况基本一致。由于局部扩展了冲突区域，冲突概率随 H_m、H_n 增长幅度更明显。这是由于冲突区域扩大更容易满足冲突条件，同样位置、速度时冲突概率较大。因此，交叉滑行道前方划设中间等待位置能防止两机间隔过小时才进行刹车避让，能有效提前探测冲突，以防止产生危险接近及交叉口堵塞。同时，若在距离交叉口较远位处划设中间等待位置，会导致冲突区域过大，航空器距离较远时冲突概率过大，容易产生冲突误判，致使航空器滑行产生多次中断，降低运行效率。因此结合实际运行机型特点、跑滑结构，合理划设中间等待位置，不进行盲目扩展，能有效防止交叉口滑行冲突，科学提高安全水平和运行效率。

采集并处理中南某机场的场面监视数据，形成航空器滑行实时航迹，并分别利用本节模型，仅考虑滑行交叠区的传统碰撞概率模型，对交叉口滑行冲突概率进行量化并进行对比分析。并假设 $P_{m,n}^{\text{conflict}}(t)>0.8$ 时，对后机预警，计算每秒钟速度、位置变化,并计算冲突概率。

图 4-17(a)给出 CSN3417 与 CSC8746 在 T 形道口的交叉滑行冲突概率值,图 4-17(b)给出两个航空器冲突形成及解脱实际轨迹。滑行重叠区用虚线矩形表示,黑色点为每秒钟场面监视雷达监测到的航空器轨迹点,滑行方向如箭头所示。根据实际机型及滑行道结构设置参数:$H_m=H_n=22$ m,$\Delta S_m=\Delta S_n=50$ m,$L_m=35$ m,$L_n=55$ m,$l_m=45$ m,$l_n=40$ m,由于前机 CSN3417 在 16:42:21 进入冲突区域,取两机在 16:40:50—16:42:21 共 91 s 的实际速度、位置来计算冲突概率。

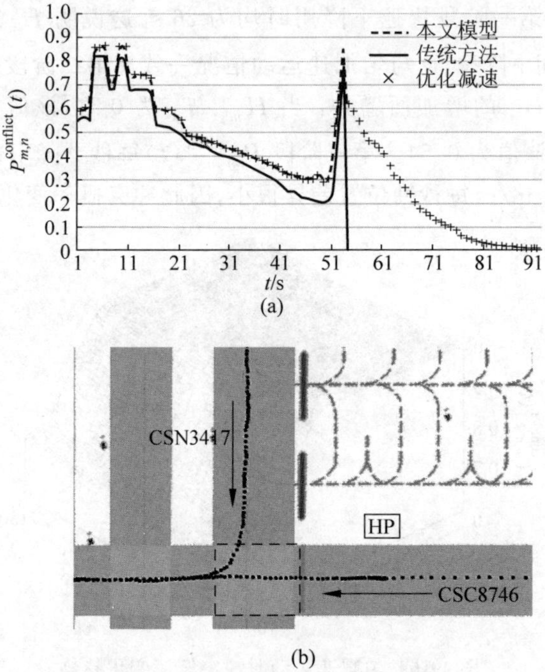

图 4-17 T 形交叉口场景及冲突概率比较

(a) 冲突概率值;(b) 冲突轨迹

如图 4-17 所示,由于两航空器汇聚滑行,冲突概率随着时间 t 的增加而增加,15 s 后 CSN3417、CSC8746 的速度分别为 3 m/s、12.1 m/s,由于速度差较大,同时进入冲突区域的可能性较低,因此冲突概率逐渐减少。此后 CSN3417 加速至 5.2 m/s,CSC8746 减速至 8.1 m/s,因此冲突概率突然增加至 1.0,此时若两飞机不进行避让减速,就会造成危险接近甚至相撞。由于 CSC8746 所在滑行道右侧机坪停驻多架飞机造成观察盲区,CSC8746 飞行员在 16:41:40 才发现交叉冲突并进行紧急刹车,此时距离冲突区域仅 32 m,对应图 4-17(b)中 CSC8746 在 HP 处产生大量聚集轨迹点,此后 CSC8746 继续停止,等待,冲突概率急剧下降为 0。由图 4-17(a)可知,本节模型计算的冲突概率与传统模型变化趋势基本一致,但由于加入了中间等待位置,参数相同时,本节模型冲突概率更大,因此能提前预判冲突产生。对比该结果和图 4-17(b)中 CSC8746 以中间等待位置为界，在 HP 处停止，等待，可知，本节描述的冲突概率计算模型引入中间等待位置来扩展冲突区域，与实际运行过程相符。

假设在 16:41:27，$P_{m,n}^{\text{conflict}}(t)>0.8$，发布冲突预警，CSC8746 以优化减速方式避让，最大冲突概率为 0.65，并逐渐减至 0。但在实际运行中，CSC8746 发现冲突延迟 13 s，只能进行紧急减速，减速时间仅 8 s，最大加速度为 $-2\ \text{m/s}^2$，是正常情况的 10 倍。因此以本节模型计算冲突概率能有效预测冲突发展趋势，降低急减速比例，提升场面运行安全。

4.3.2　航空器跟随冲突概率计算

目前相关研究对交叉滑行冲突研究较多，对跟随滑行冲突研究很少。传统方法均以推测两架航空器到达最接近共用资源的时机、位置判断冲突，由于跟随滑行时两航空器已位于共用资源(同一条滑行道)中，因此无法将现有方法直接应用于跟随滑行中。而在实际管制过程中，在低能见度条件下，管制员、后机机长无法目视判断间隔[177-179]，这容易形成追赶，造成危险接近，甚至产生碰撞。在这种情况下，塔台管制员应根据场面监视数据判断冲突趋势，及时发布指令来调整间隔。实际上为降低恶劣天气的影响，越来越多的大中型机场实施低能见度下运行程序[180-184]，因此引入场面监视数据，针对航空器跟随滑行过程，定义跟随冲突标准，量化冲突概率，构造实时动态冲突计算模型，为飞行员提供跟随冲突告警预警，对保障机场运行安全有重要意义。

本节在满足相关管制规定的基础上，抽象跟随滑行过程，考虑喷流范围、机身长度等关键要素，建立航空器跟随滑行动态冲突计算模型，通过建立模型并进行仿真计算，分析关键参数对动态冲突的影响，并利用实时真实轨迹对新模型进行验证。

1. 跟随滑行过程及冲突分析

设 f_i、f_j 为同向滑行的两架航空器，如图 4-18 所示，两机依次在滑行道 T_n 上由右至左滑行，f_i 距离滑行道末端更近，为前机，f_j 位于 f_i 后方，为后机。l_i、l_j 为机身长度。两航空器所处的深灰色区域为共用滑行道。f_i 后方长度为 $\Delta S_{i,j}$ 的浅灰色区域为两机之间最小纵向间隔，该间隔由管制规则、前后机尾流等级差异综合决定。

假设 f_i 到达 T_n 末端后左转进入下游滑行道，此后离开共用滑行道并与后机 f_j 呈分散态势。t 时刻，两机速度分别为 $v_i(t)$、$v_j(t)$，与 T_n 末端距离分别为 $S_i(t)$、$S_j(t)$，两机间隔 $\Delta G_{i,j}(t)$ 为

$$\Delta G_{i,j}(t) \approx S_j(t) - S_i(t) - l_i \tag{4-26}$$

若跟随滑行中的某时刻 t，两机之间距离小于安全间隔 $\Delta S_{i,j}$，则两机冲突：

$$\Delta G_{i,j}(t) < \Delta S_{i,j} \tag{4-27}$$

将满足式(4-27)的情况定义为事件 $C(t)$，根据实时速度、位置定义并求解

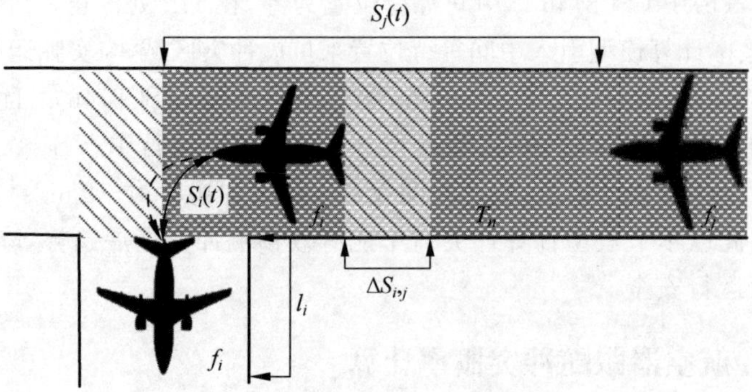

图 4-18 航空器跟随滑行冲突过程

$P(C(t))$，即可计算动态冲突概率。

2. 航空器跟随滑行冲突计算模型

定义 $\mathrm{TO}_{i,n}(t)$ 为以 t 时刻 f_i 的速度、位置推算得到的 f_i 离开 T_n，全机身进入下游滑行道的滑行时间：

$$\mathrm{TO}_{i,n}(t)=\frac{S_i(t)+l_i}{v_i(t)} \tag{4-28}$$

令 $\mathrm{TC}_{j,n}(t)$ 为以 t 时刻 f_j 的速度、位置推算得到的 f_j 到达距离 T_n 末端小于安全间隔处的滑行时间：

$$\mathrm{TC}_{j,n}(t)=\frac{S_j(t)-\Delta S_{i,j}+1}{v_j(t)} \tag{4-29}$$

若在 T_n 内，f_j 追赶 f_i 并形成冲突，应满足：

$$\exists t, \mathrm{TO}_{i,n}(t)\geqslant \mathrm{TC}_{j,n}(t) \tag{4-30}$$

因此可将 t 时刻冲突概率描述为

$$P(C(t))=P(\mathrm{TO}_{i,n}(t)\geqslant \mathrm{TC}_{j,n}(t)) \tag{4-31}$$

可将式(4-31)改写为

$$P(C(t))=P\left(\frac{S_i(t)+l_i}{v_i(t)}\geqslant \frac{S_j(t)-\Delta S_{i,j}+1}{v_j(t)}\right) \tag{4-32}$$

令

$$f(v_i(t),v_j(t))=v_j(t)\frac{S_i(t)+l_i}{S_j(t)-\Delta S_{i,j}+1}-v_i(t) \tag{4-33}$$

由此式(4-32)可表示为

$$P(C(t))=P(f(v_i(t),v_j(t))\geqslant 0) \tag{4-34}$$

定义 $v^{\max}$ 为最大滑行速度，v^{Tmax} 为最大转弯速度。Δv 为每秒平均加速度，设航空器 f_i 的预测滑行速度值域为

$$v_i^{\min}(t)=\max(0,\min(v_i(t-1)-\Delta v\cdot 1, v^{\mathrm{Tmax}})) \tag{4-35}$$

$$v_i^{\max}(t)=\min(v^{\max},\min(v_i(t-1)+\Delta v\cdot 1,v^{\mathrm{Tmax}}))\tag{4-36}$$

由此，两航空器顺向跟随滑行冲突概率为

$$P(C(t))=\iint\limits_{\substack{v_i(t)\in[v_i^{\min}(t),v_i^{\max}(t)]\\ v_j(t)\in[v_j^{\min}(t),v_j^{\max}(t)]}} f(v_i(t),v_j(t))\mathrm{d}v_i\mathrm{d}v_j\tag{4-37}$$

设下一时刻 f_i 的速度在速度值域范围内呈均匀分布，可得 $v_i(t)$的概率密度函数 $\phi(v_i(t))$为

$$\phi(v_i(t))=\frac{1}{v_i^{\max}(t)-v_i^{\min}(t)}\tag{4-38}$$

同理可得 f_j 的速度 $v_j(t)$的概率密度函数：

$$\phi(v_j(t))=\frac{1}{v_j^{\max}(t)-v_j^{\min}(t)}\tag{4-39}$$

设满足式(4-32)、式(4-33)条件的 $f(v_i(t),v_i(t))$值域范围面积为 $D(t)$，由此可得

$$\begin{aligned}P(C(t))&=\iint\limits_{(v_i(t),v_j(t))\in D(t)} f(v_i(t),v_j(t))\mathrm{d}v_i\mathrm{d}v_j\\&=\frac{S_i(t)+l_i}{S_j(t)-\Delta S_{i,j}+1}\cdot D(t)\cdot\phi(v_i(t))\cdot\phi(v_j(t))\end{aligned}\tag{4-40}$$

将式(4-38)、式(4-39)代入式(4-40)，可得每时刻动态跟随冲突概率，同时为满足 $0\leqslant P(C(t))\leqslant 1$，令

$$P(C(t))=\max(0,\min(1,P(C(t))))\tag{4-41}$$

3. 仿真程序设计及数据分析

设机场飞行区为 4E 级[91]，两航空器在长度为 1500 m 的平滑上跟随滑行。根据机场管制规则[92]，令 $v^{\max}=13.8$ m/s，$v^{\mathrm{Tmax}}=4$ m/s，$\Delta v=1.0$ m/s^2，设 f_i、f_j 是尾流等级为中型的运输机，$l_i=l_j=45$ m，$\Delta S_{i,j}=50$ m。利用 VC++ 编程，建立机场跑道、滑行道结构，并动态仿真航空器跟随滑行过程。图 4-19 分别给出两机速度、位置差异造成的不同跟随滑行状态。图 4-19(a)描述了前、后机以相同速度保持间隔滑行过程，图 4-19(b)描述了后机追赶前机，与前机间隔小于安全间隔，造成冲突的过程，图 4-19(c)描述了后机速度减慢，与前机间隔增大的情况。

在动态滑行仿真基础上，以图 4-20 中给出的程序结构及逻辑，对匀速、匀加速、匀减速运动下动态冲突进行计算。初始设置前机 f_i 距离滑行道末端 500 m，即 $S_i(0)=500$ m，定义 $\Delta G_{i,j}(0)$为初始时刻两航空器水平间隔。设 $\Delta G_{i,j}(0)$值为 50～250 m，t 值为 1～100 s，每次仿真令 t 增加 1 s，令 $\Delta G_{i,j}(0)$增加 2 m。即可得到随时间 t、$\Delta G_{i,j}(0)$动态变化的冲突概率。

设 f_i、f_j 进行速度为 5 m/s 的匀速、等距离运动，图 4-21 给出冲突概率 $P(C(t))$的变化情况。

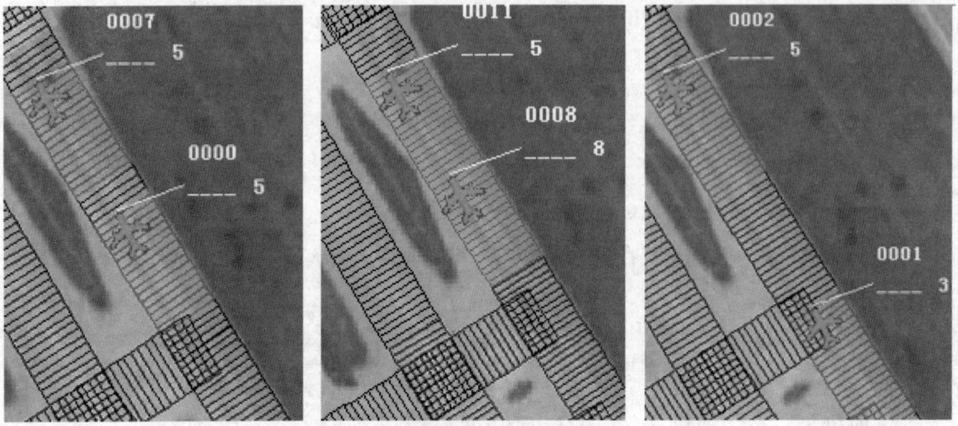

(a) (b) (c)

图 4-19 动态仿真运行示意图

(a) 匀速跟随；(b) 后机追赶；(c) 前机加速

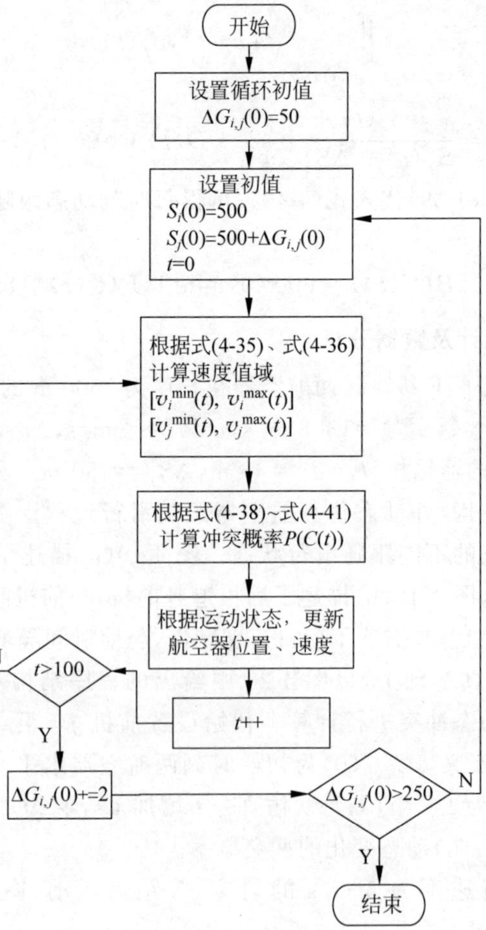

图 4-20 滑行冲突计算结构图

如图 4-21 所示，匀速运动时冲突概率 $P(C(t))$ 与 $\Delta G_{i,j}(0)$ 取值呈负相关，当 $\Delta G_{i,j}(0)>94$ m 时冲突概率与 t 呈负相关，当 50 m$\leqslant\Delta G_{i,j}(0)\leqslant$94 m 时，冲突概率与 t 呈正相关。这是由于两机匀速运动时，$\Delta G_{i,j}(0)$ 越大，后机追赶前机可能性越低，冲突概率越小。当 $\Delta G_{i,j}(0)>94$ m 时，随着 t 增加，前机逐渐接近滑行道末端，虽然前机转出时会减速至 4 m/s，与后机产生速度差，但由于两机距离较大，较小速度差无法造成追赶冲突，因此 $P(C(t))$ 随 t 增加而逐渐减少，最大值为 0.5。而当 50 m$\leqslant\Delta G_{i,j}(0)\leqslant$94 m 时，两机距离较近，短时间的追赶即会形成冲突，因此 $P(C(t))$ 随 t 增加而增大，且当 $\Delta G_{i,j}(0)<78$ m 时，前机转弯时 $TO_{i,n}(t)$ 增加，而 $TC_{j,n}(t)$ 减少，这满足式(4-30)冲突条件，因此 $P(C(t))$ 最大值为 1.0。

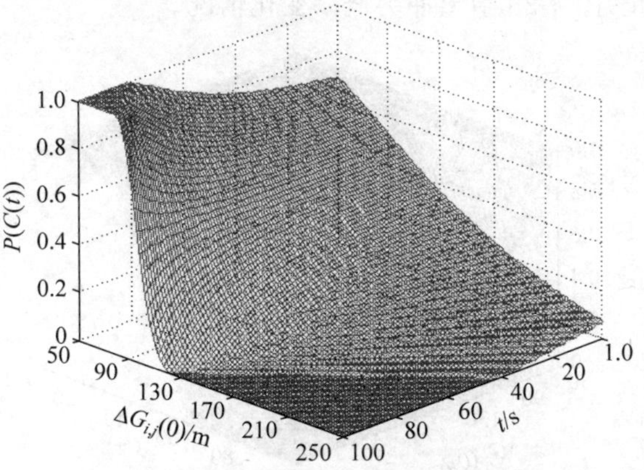

图 4-21 匀速运动时冲突概率变化趋势

设 f_i 以 5 m/s 的速度做匀速运动，f_j 以 0.1 m/s^2 的加速度从静止开始做匀加速运动，图 4-22 给出冲突概率变化情况。

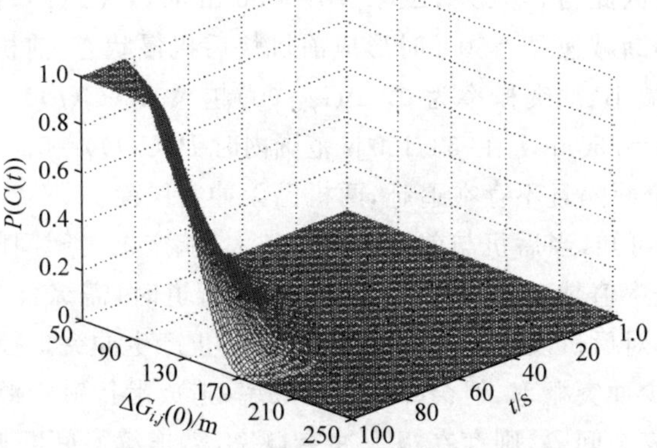

图 4-22 匀加速运动时冲突概率变化趋势

如图 4-22 所示，匀加速运动时，当 $\Delta G_{i,j}(0)\geqslant180$ m 时，$P(C(t))$ 恒为 0。这是由于后机是从静止逐渐加速的，前机以 5 m/s 的速度做匀速运动，当 t 在[1,50]s 时呈前机快后机慢趋势，当 t 在[51,100]s 时呈前机慢后机快趋势，若初始间隔较大，则后机追赶前机所需时间 $TC_{j,n}(t)$ 较长，因此在前机离开滑行道时仍能满足安全间隔，冲突概率值很小。当 $\Delta G_{i,j}(0)<180$ m 时，$P(C(t))$ 与 t 呈正相关，与 $\Delta G_{i,j}(0)$ 呈负相关，这说明初始间隔越小，后机速度越大，追赶趋势越明显，越容易造成冲突。当 $\Delta G_{i,j}(0)<110$ m 时，$P(C(t))$ 最大值为 1.0，且 $\Delta G_{i,j}(0)$ 越小，$P(C(t))=1.0$ 对应的时间范围越长，当 $\Delta G_{i,j}(0)=50$ m 时，$P(C(t))=1.0$ 对应时间区间为[83,100]s，这表明按照当前速度，后机会在 83 s 追上前机并且 $\Delta G_{i,j}$ 小于安全间隔，因此需在 83 s 前采取减速措施，以避免冲突。

设 f_i 以 5 m/s 的速度匀速滑行，f_j 初始速度为 10 m/s 并以 $-0.1\ \mathrm{m/s^2}$ 的加速度匀减速至静止，图 4-23 给出冲突概率变化情况。

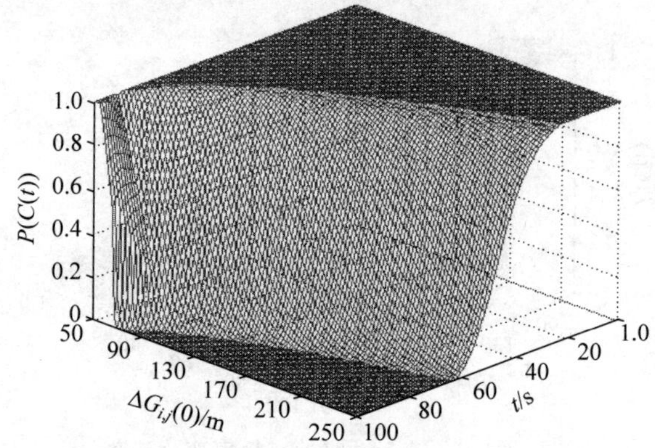

图 4-23　匀减速运动时冲突概率变化趋势

如图 4-23 所示，$P(C(t))$ 与 $\Delta G_{i,j}(0)$、t 均呈负相关。这是由于后机是从 10 m/s 逐渐减速的，当 t 较小时，后机速度较大，追赶趋势明显，若保持该速度继续滑行，则必然形成冲突，因此当 $t\leqslant 25$ s，$\Delta G_{i,j}(0)\leqslant 60$ m 时，$P(C(t))$ 恒为 1.0。随着 t 逐渐增加，后机不断减速，$t>50$ s 时形成前机快后机慢状态，前机逐渐远离后机且后机速度进一步减小，冲突概率为 0。$\Delta G_{i,j}(0)$ 越大，$P(C(t))=0$ 对应时间范围越长，当 $\Delta G_{i,j}(0)=250$ m，t 在[63,100]s 范围内时 $P(C(t))=0$。这说明 63 s 后，后机与前机满足安全间隔且不存在追赶，两机已无冲突风险。

对比图 4-23 可知，当后机与前机速度差越大、航空器之间间隔越小时，越容易形成追赶，冲突概率值越大。当前机转入其他滑行道时，需综合考虑滑行道构型、转弯速度等限制，对后机及时发布减速指令，以防止产生冲突。控制后机速度和扩大间隔虽然能减少冲突概率，但会降低滑行效率，造成滑行道资源浪费。若仅为两航空器配备最小安全间隔，则存在极大冲突概率，需连续不间断监视后机速度，以防止出现危险。

为证实本节模型实验结果与实际运行过程相符，深入分析相关数据。如图 4-21～图 4-23 所示，当 $\Delta G_{i,j}(0)$ 属于区间[90,110]m 时，三种运动状态下冲突概率均小于0.6且冲突概率标准差小于0.1,以上数值与文献[146]中的仿真验证结论一致,且实际监视数据统计结果为:航空器在平行滑行道平均速度为4.82 m/s,航空器平均纵向间隔为94.3 m。由此说明本节模型的仿真验证结果符合实际运行过程。当$P(C(t))$为0.8时,后机减速至停止,等待,最大加速度为$-0.25\ \mathrm{m/s^2}$,该值与文献[136]中统计数据基本一致。

由此可得到以下结论:当航空器平均滑行速度达到5 m/s时,管制员为前后跟随的航空器配备90~110 m的滑行间隔,滑行冲突概率较小且变化趋势稳定,能保障安全且减少管制指令。利用本节模型计算跟随滑行冲突概率,当冲突概率大于0.8时,对后机进行预警告警,能减少避让冲突导致的滑行急减速,提高乘客乘机的舒适度。以上分析表明,该模型可量化动态冲突概率,计算结果可靠、有效且与实际运行过程相符,利用该模型计算结果能为场面滑行提供冲突预警,提高机场运行安全水平。

采集并处理中南某机场场面监视雷达监测到的航空器滑行监视数据。图4-24为航空器跟随滑行的两种情况,浅灰色条状区域为滑行道,黄色、绿色点迹为前机、后机每秒钟滑行轨迹点。根据实际机型及滑行道结构设置参数,$\Delta S_{i,j}=50\ \mathrm{m}$,飞机机长均为45 m,情况1中前后机为CES5336、CSN3300,$\Delta G_{i,j}(0)=78\ \mathrm{m}$,$S_i(0)=423\ \mathrm{m}$,情况2中前后机为AFL221、CSN362,$\Delta G_{i,j}(0)=82\ \mathrm{m}$,$S_i(0)=498\ \mathrm{m}$。利用本节模型、传统基于间隔的冲突模型[145],分别计算冲突解脱前91 s的冲突概率,并对比分析不同模型的计算结果。

如图4-24所示,两种情况下后机与前机在同一条滑行道上跟随滑行。情况1中,前机CES5336初始滑行速度为6 m/s,快于后机,因此$P(C(t))$随t的增加逐渐减小,当前机接近交叉口,速度逐渐减少至3 m/s,而后机CSN3300加速至5 m/s时,$P(C(t))$在41 s突然增长至0.45,且随t的增加逐渐增大至0.55。CES5336滑行55 m后即转入联络道,因此81 s后两机呈分散趋势,冲突概率不断下降至0.31。情况2中AFL221与CSN362均接近跑道外等待点,根据机场管制规则,航空器在跑道外等待点必须得到指令才能继续滑行,进入跑道,因此两机滑行速度较慢,均小于2.5 m/s,基本呈匀速等距离运动状态。71 s时,AFL221转入联络道,进行减速,但CSN362速度较小,因此两机呈轻微的追赶趋势,且前机滑行50 m后即离开共享滑行道,因此冲突概率较小,均值为0.267,曲线波动较小,标准差为0.0087。

将本节模型与传统基于间隔冲突模型[145]进行对比,两种模型计算结果有明显差异。两种情况下,传统模型冲突概率均随时间增加而增大,而本节模型却呈现不同结果:情况1中,本节模型计算概率值呈先减小、后增大、最后再急剧减小的趋势;而情况2中,本节模型概率值随时间变化很小,基本成固定值。这是由于:传统模型仅考虑单位时间的水平间隔变化,因此在后机速度增加初期,由于间隔未明显缩小,传统模型的概率值仍呈缓慢增加趋势;而本节模型可根据速度变化实

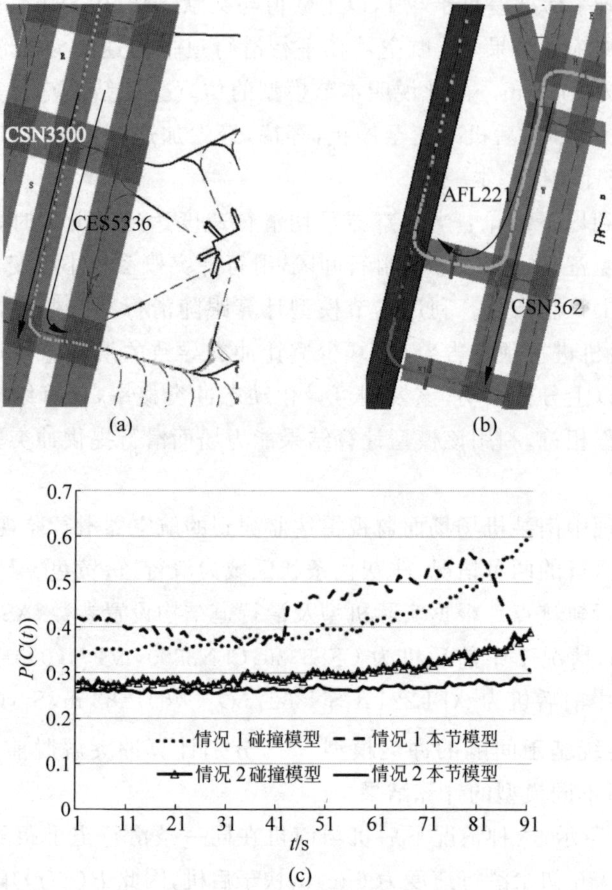

彩图 4-24

图 4-24　跟随滑行情况及冲突概率比较

(a) 冲突情况 1；(b) 冲突情况 2；(c) 两种情况下冲突概率计算对比

时更新冲突概率，能及时反映出冲突趋势的突变，因此在后机提速的关键时刻，本节模型概率值突然增大到原来的 1.2 倍。当前机离开共享滑行道时，由于两机位置接近，传统模型判断概率仍呈增长趋势，但实际上两机已形成分散滑行，冲突解脱，因此本节模型概率值大幅度下降为 0.3。同理，情况 2 中，两机速度较慢，保持稳定水平间隔，因此冲突概率较小，但由于后机经过前机等待道口，距离减少导致传统模型判断冲突概率持续升高为 0.39，是本节模型的 1.3 倍。

由此可知，本节模型对航空器速度变化更敏感，能如实反映速度变化对冲突趋势的影响；本节模型基于航空器滑行态势定量计算冲突概率，能有效避免由于等待位置接近而造成的虚警误警；本节模型基于运动位置和方向判断滑行风险，能整体预测冲突产生、加剧及消散趋势。综上所述，本节模型计算结果优于传统模型，更适用于实际航空器滑行过程中的冲突判断与安全管理。

4.3.3　航空器逆向滑行冲突概率评估

当跑道、滑行道结构复杂，联络道、交叉口分布密集时，管制员、飞行员容易产生混淆，错误指挥或驾驶航空器在错误时机进入滑行道，与其他航空器形成逆向运动，从而导致拥堵、冲突甚至碰撞[89]。因此研究航空器逆向滑行冲突探测方法，提出风险量化评估模型，对预防逆向冲突，提高机场安全水平有实际意义。而交叉冲突和顺向滑行冲突判断及评估方法无法直接应用于逆向滑行过程。而碰撞是冲突产生、发展、加剧的最严重后果，应以预判、防止冲突为目标，在形成逆向滑行前就应评估风险，探测冲突。本节考虑逆向滑行距离、喷流影响等关键要素，定义冲突区域，建立航空器逆向冲突概率评估模型，仿真计算不同运动状态下的冲突概率，并利用实际运行数据进行验证对比，最后给出分析讨论。

1. 逆向滑行冲突产生分析

逆向滑行是指两航空器沿相同或平行航迹上进行反向滑行的过程，或航迹夹角大于 135°的滑行状态[89]。

如图 4-25 所示，滑行中形成的逆向情况有两种：①两航空器为非逆向滑行，将经过同一滑行道，在此滑行道内运动方向相反；②两航空器当前滑行方向为逆向，将以逆向状态经过同一交叉口，此后进入不同的滑行道。本节将航空器逆向通过的相同路段定义为逆向滑行段，并在图 4-25 中以灰色方格区域进行标识，对比两种情况可知，与情况②相比，情况①中逆向滑行段长度较长。

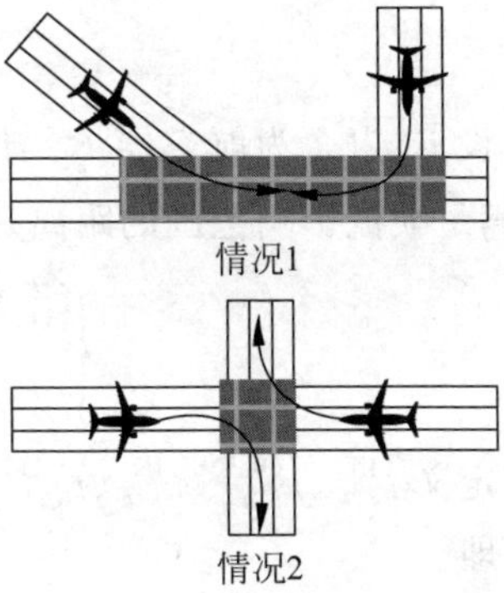

图 4-25　航空器逆向滑行冲突过程

若两航空器同时处于逆向滑行段，即使航空器之间存在间隔并未碰撞，但由于此滑行道、交叉口被阻塞，即已形成逆向冲突。由于航空器无法自主倒退，只有使用拖车、牵引车将其推出或牵引离开滑行道，此过程至少需要 20 min。在此期间该滑行道及相邻联络道均无法使用，这严重影响机场场面运行效率和保障能力。当机场场面交叉口或滑行路线转弯较多时，飞行员观察不够或管制员遗忘动态，难以及时评估并预判风险，将会导致逆向冲突频繁发生，甚至造成跑道侵入。

为避免逆向冲突，需严格控制有相对运动趋势的航空器进入逆向滑行段的顺序和时机，应根据两航空器的距离、速度等信息计算进入、离开逆向滑行段的时刻，并基于该时刻计算冲突概率，及时探测冲突并提供预警和告警信息。

2. 航空器逆向冲突概率评估

图 4-26 描述了航空器 f_i 与 f_j 在滑行道 T_k 上逆向滑行的过程。长 $D_{i,j}^{k}$ 的

深灰色部分为逆向滑行段，该参数与滑行道构型、航空器滑行路线等相关。逆向滑行段外侧长度为 ΔS_j 的斜线区域为 f_j 喷流范围，该参数与机型、滑行速度等因素相关。l_i、l_j 为机身长度。t 时刻，f_i 与 f_j 分别位于上游滑行道 T_m、T_n，速度分别为 $v_i(t)$、$v_j(t)$，与中间等待位置（前方格子区域）相距 $S_i(t)$、$S_j(t)$，中间等待位置与 T_k 中心线距离为 H_m、H_n。若 T_k 上已有相对滑行航空器，另一架航空器应在中间等待位置外等待。

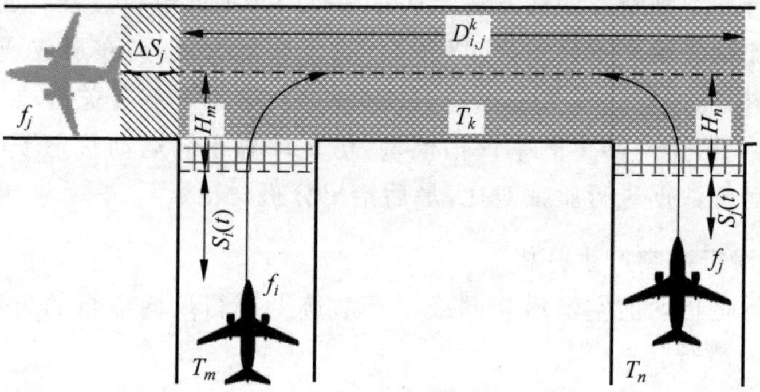

图 4-26　航空器逆向滑行参数

设 L_i^k、L_j^k 为航空器 f_i 与 f_j 从中间等待位置，经过逆向滑行段，到滑行段末端，满足喷流影响范围的距离。根据图 4-26，L_i^k、L_j^k 可定义为

$$\begin{cases} L_i^k \approx H_m + D_{i,j}^k + l_i + \Delta S_i \\ L_j^k \approx H_n + D_{i,j}^k + l_j + \Delta S_j \end{cases} \tag{4-42}$$

定义 $t_{i,k}^{\mathrm{IN}}$、$t_{i,k}^{\mathrm{OUT}}$、$t_{j,k}^{\mathrm{IN}}$、$t_{j,k}^{\mathrm{OUT}}$ 为 f_i 与 f_j 进入、离开 T_k 逆向滑行段的推测时刻。即

$$\begin{cases} t_{i,k}^{\mathrm{IN}} = \dfrac{S_i(t)}{v_i(t)}, \quad t_{i,k}^{\mathrm{OUT}} = \dfrac{S_i(t) + L_i^k}{v_i(t)} \\ t_{j,k}^{\mathrm{IN}} = \dfrac{S_j(t)}{v_j(t)}, \quad t_{j,k}^{\mathrm{OUT}} = \dfrac{S_j(t) + L_j^k}{v_j(k)} \end{cases} \tag{4-43}$$

根据我国机场管制规则[92]，若两飞机同时位于该滑行段，则形成冲突，因此可将冲突事件描述为

$$[t_{i,k}^{\mathrm{IN}}, t_{i,k}^{\mathrm{OUT}}] \cap [t_{j,k}^{\mathrm{IN}}, t_{j,k}^{\mathrm{OUT}}] \neq \varnothing \tag{4-44}$$

可将 f_i 与 f_j 不发生逆向冲突事件描述为

$$(t_{i,k}^{\mathrm{OUT}} < t_{j,k}^{\mathrm{IN}}) \cup (t_{i,k}^{\mathrm{IN}} > t_{j,k}^{\mathrm{OUT}}) \tag{4-45}$$

根据式(4-43)，可将式(4-45)写为

$$\left(\frac{S_i(t) + L_i^k}{v_i(t)} < \frac{S_j(t)}{v_j(t)}\right) \cup \left(\frac{S_i(t)}{v_i(t)} > \frac{S_j(t) + L_j^k}{v_j(t)}\right) \tag{4-46}$$

由式(4-46)，可将不发生冲突情况分为两种：f_i 离开后 f_j 再进入；f_j 离开

后 f_i 再进入。定义这两种事件发生的概率为 $P(t,i,T_k)$、$P(t,j,T_k)$。

将式(4-46)改写为函数形式：

$$\begin{cases} f(v_i(t),v_j(t))=v_j(t)\dfrac{S_i(t)+L_i^k}{S_j(t)}-v_i(t)<0 \\ f'(v_i(t),v_j(t))=v_j(t)\dfrac{S_i(t)}{S_j(t)+L_j^k}-v_i(t)>0 \end{cases} \tag{4-47}$$

设航空器 f_i 的滑行速度 v_i 在 $(v_i^{\min}(t),v_i^{\max}(t))$ 值域范围内呈均匀分布，定义速度极值为

$$v_i^{\min}(t)=\max(0,\min(v_i(t-1)-\Delta v\cdot 1,v_{i,T_k}^{\max})) \tag{4-48}$$

$$v_i^{\max}(t)=\min(v^{\max},\min(v_i(t-1)+\Delta v\cdot 1,v_{t,T_k}^{\max})) \tag{4-49}$$

其中，$v_{i,T_k}^{\max}$ 为 f_i 在滑行道 T_k 的最大转弯速度。由此可得 v_i 的概率密度函数 $g(v_i(t))$ 为

$$g(v_i(t))=\frac{1}{v_i^{\max}(t)-v_i^{\min}(t)} \tag{4-50}$$

将 f_i 离开 T_k 后 f_j 再进入 T_k 的概率 $P(t,i,T_k)$ 表示为

$$P(t,i,T_k)=\iint f(v_i(t),v_j(t))\mathrm{d}v_i\mathrm{d}v_j \tag{4-51}$$

根据式(4-46)～式(4-50)，可将式(4-51)改写为

$$\begin{aligned} P(t,i,T_k)&=\iint\left(v_j(t)\frac{S_i(t)+L_i^k}{S_j(t)}-v_i(t)\right)\mathrm{d}v_i\mathrm{d}v_j \\ &=\frac{S_i(t)+L_i^k}{S_j(t)}\cdot R(v_i(t),v_j(t))\cdot g(v_i(t))\cdot g(v_j(t)) \end{aligned} \tag{4-52}$$

其中，$R(v_i(t),v_j(t))$ 为 $f(v_i(t),v_j(t))>0$ 与 $[v_i^{\min}(t),v_i^{\max}(t)]$、$[v_j^{\min}(t),v_j^{\max}(t)]$ 值域形成的多边形面积。

同理，f_j 离开 T_k 后 f_i 再进入 T_k 的概率 $P(t,j,T_k)$ 为

$$\begin{aligned} P(t,j,T_k)&=\iint\left(v_j(t)\frac{S_i(t)}{S_j(t)+L_j^k}-v_i(t)\right)\mathrm{d}v_i\mathrm{d}v_j \\ &=\frac{S_i(t)}{S_j(t)+L_j^k}\cdot R'(v_i(t),v_j(t))\cdot g(v_i(t))\cdot g(v_j(t)) \end{aligned} \tag{4-53}$$

由式(4-45)可知，t 时刻，航空器 f_i 与 f_j 正常运行的概率为

$$P_{T_k}^{\mathrm{s}}(t,i,j)=P(t,i,T_k)+P(t,j,T_k) \tag{4-54}$$

由此，逆向滑行冲突概率为

$$P_{T_k}^{\mathrm{c}}(t,i,j)=1-P_{T_k}^{\mathrm{s}}(t,i,j)=1-(P(t,i,T_k)+P(t,j,T_k)) \tag{4-55}$$

为防止该值溢出，可将式(4-55)改写为

$$P^{c}_{T_k}(t,i,j)=\max(0,\min(1,1-P^{s}_{T_k}(t,i,j))) \tag{4-56}$$

3. 仿真程序设计及数据分析

假设机场飞行区为4F级，航空器 f_i、f_j 将以相反方向滑行经过 T_k，根据机场管制规则[89,92]，设最大滑行速度 $v^{\max}=13.8$ m/s，设两机为常见的中型运输机，$l_j=l_i=45$ m，喷流影响范围 $\Delta S_j=\Delta S_i=50$ m，中间等待位置与滑行道 T_k 中线距离 $H_m=H_n=45$ m。又设航空器滑入 T_k 需进行90°转弯，即 $v^{\max}_{T_k}=4.5$ m/s。根据文献[137-138]，令 $\Delta v=0.5$ m/s^2，初始设置两飞机距离冲突区域边界800 m，即 $S_i(0)=S_j(0)=800$ m，设置 t 值为0～100 s，逆向滑行段长度 $D^k_{i,j}$ 为10～500 m，每次仿真令 t 增加1 s，令 $D^k_{i,j}$ 增加5 m，共得到101×99个冲突概率值。

图4-27给出 f_i、f_j 以5 m/s的速度匀速运动时，逆向冲突概率的变化情况。

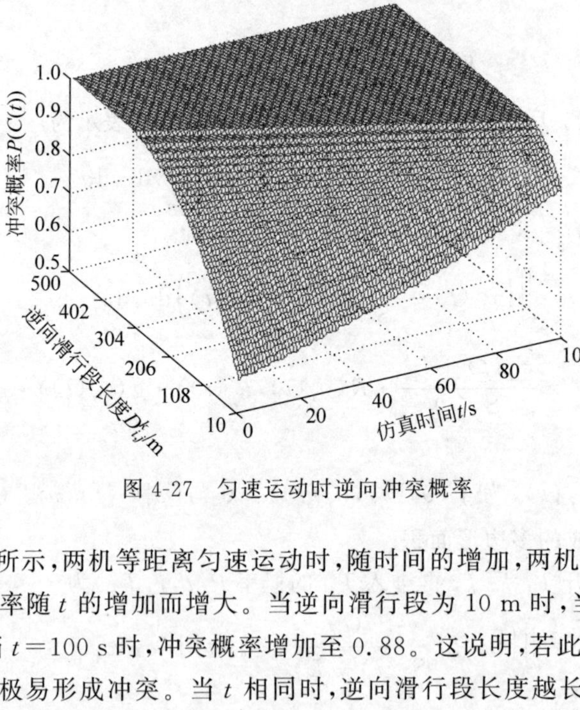

图4-27 匀速运动时逆向冲突概率

如图4-27所示，两机等距离匀速运动时，随时间的增加，两机与冲突区域的距离减小，冲突概率随 t 的增加而增大。当逆向滑行段为10 m时，当 $t=0$ 时冲突概率值为0.58，当 $t=100$ s时，冲突概率增加至0.88。这说明，若此时管制员不进行干预控制，两机极易形成冲突。当 t 相同时，逆向滑行段长度越长，冲突概率越大。这是由于逆向滑行段长度越长，前机占用冲突滑行道的时间越长，难以满足式(4-45)中前机离开冲突区域之后，后机再进入的条件。特别是，当逆向滑行段长度超过315 m时，冲突概率值恒为1.0，这是由于前机以规定速度滑行时，从进入冲突区域到离开冲突区域至少需要60 s，此时除非另一架航空器在中间等待位置等待，否则必然在60 s内进入冲突区域，从而造成滑行道阻塞。因此在管制过程中，若两机存在超过315 m的逆向滑行路段，管制员应时刻观察飞机滑行过程，及时发布停止、等待指令，这样才能避免逆向冲突。

图 4-28 给出 f_i 以 5 m/s 的速度匀速滑行，f_j 以 0.1 m/s^2 加速度从静止做匀加速运动时逆向冲突概率变化情况。

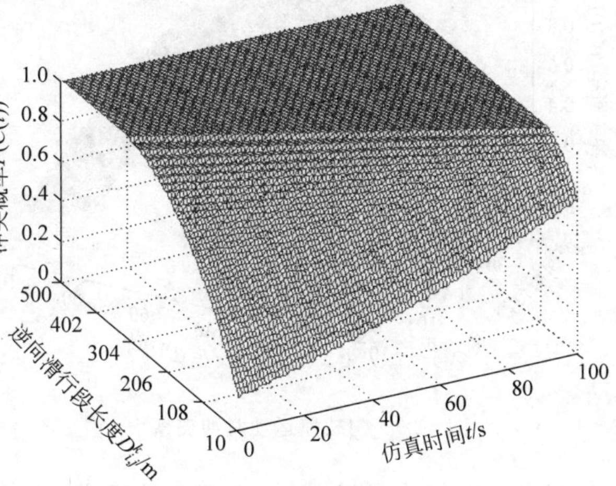

图 4-28 匀加速运动时冲突概率

如图 4-28 所示，在 0～25 s 时段，冲突概率随时间的增加而减少，这是由于 f_j 从静止加速，此时段内最大速度为 2.5 m/s，且距离逆向冲突区域较远，但 f_i 速度较大且与逆向冲突区域较接近，此时段内两机的距离、速度差异较大，容易满足 f_i 滑出后 f_j 再进入的安全条件，因此冲突概率较小，最大值为 0.39。在 25～60 s 时段，f_j 加速后速度大于 f_i，距离越接近，冲突趋势越突出，因此此时段冲突概率迅速增大到最大值。同时，逆向航段较长更容易造成滑行冲突，因此在此时段内冲突概率最大值与逆向滑行长度成正比。当逆向段长 10 m 时，冲突概率峰值为 0.69，当逆向段长度大于 185 m 时，冲突概率峰值为 1.0。在 60～100 s 时段，f_j 加速直至 10 m/s，两机之间再次产生速度、距离差，容易满足 f_j 滑出后 f_i 再进入的安全条件，冲突概率逐渐减小，当逆向段长度小于 150 m 时冲突概率最终为 0。这说明不对两机进行任何控制或指令，以当前速度继续滑行，能安全经过该区域，不会造成逆向冲突。

图 4-29 给出 f_i 以 5 m/s 的速度匀速滑行，f_j 以 −0.1 m/s^2 的加速度从 10 m/s 做匀减速运动时逆向冲突概率变化情况。

在图 4-29 中，由于初始两机速度差为 5 m/s，且 f_j 加速度仅为 −0.1 m/s^2，因此当 t 较小时，两机速度差、距离差较大，可满足 f_j 滑出后 f_i 再滑入的情况，因此冲突概率为 0，且冲突概率为 0 的时间段长度随逆向滑行段长度的增加而减少。此后由于 f_j 持续减速，两机的速度差、距离差减小，满足安全情况的概率较小，因此冲突概率随时间的增加而快速增长至最大值。当逆向滑行段长度大于 185 m 时，冲突概率最大值为 1.0，当逆向滑行段长度为 500 m 时，冲突概率峰值 1.0 将持续 25 s。这说明，若两航空器保持当前速度继续滑行，则必然形成逆向冲突。此后 f_j

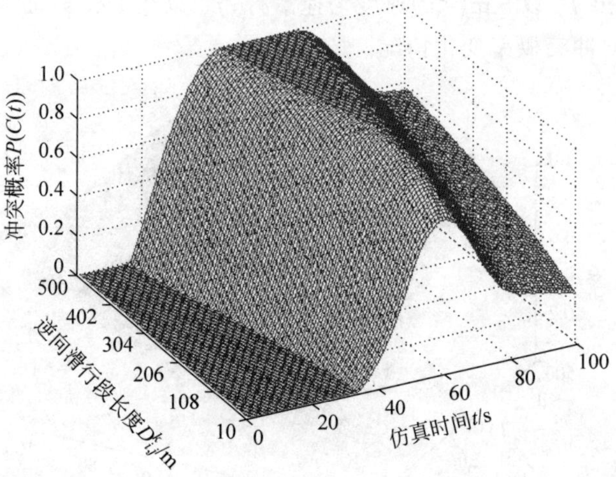

图 4-29 匀减速运动时冲突概率

速度很小，滑行距离较短，因此 f_i 滑出后 f_j 再滑入的可能性提升，冲突概率逐渐减小。当逆向滑行段长度为 10 m、500 m 时，冲突概率分别为 0.25、0.57。这说明，虽然最后 f_j 减速为 0 m/s，但仍有可能突然开始滑行进入冲突区域，从而形成阻塞和拥堵，因此需要管制员发布等待指令、密切监视航空器状态，以确保安全运行。

对比图 4-27～图 4-29 可知，冲突概率与逆向滑行段长度成正比。因此管制员在安排滑行路线时应尽量避免出现长距离逆向滑行。在实际机场运行中，为了避免这种情况发生，管制单位常规定长距离滑行道单向运行，从地理位置上分流滑行方向相反的飞机，以防止产生逆向冲突。航空器间的逆向运动多在联络道上发生，由于联络道距离较短、逆向滑行段长度较小，因此冲突概率较小且容易控制。如图 4-27 所示，当逆向滑行段长度为 150 m 时，$t=72$ s 时冲突概率为 1.0，若其中一架飞机以 -0.18 m/s^2 的加速度减速即可避让冲突，该加速度与文献[136]中的统计值基本一致。

对比图 4-28、图 4-29 可知，在变速滑行过程中，当两机速度差、间隔变化较大时，冲突概率也会相应波动。冲突概率与航空器速度、间隔成反比，速度较大的航空器先经过冲突区域所用时间越短，后机进入冲突区域所用时间越长，越容易达到安全条件。因此在管制过程中，若仅要求航空器减速有可能形成或加剧冲突。应根据航空器速度、位置灵活判断，速度较快的飞机保持或增加滑行速度，能有效降低滑行冲突概率。根据以上分析可知，本节模型能量化航空器逆向滑行风险，能如实反映逆向滑行段长度、航空器速度、航空器间隔对冲突概率的影响，计算结果符合实际运行情况。

获取每秒更新的实际场面监视雷达数据对新模型进行验证，分别用本节模型、传统碰撞风险评估模型[144]量化冲突概率并进行对比分析。

图 4-30(a)给出 CSN6367 与 CSN3692 逆向交叉滑行实际轨迹,图 4-30(b)给出采用两种方法时的冲突概率评估结果。图 4-30(a)中黑色点为滑行轨迹,航班号及滑行方向如箭头所示。根据滑行道结构及机型,设置参数如下:$H_m=H_n=45$ m,$\Delta S_i=\Delta S_j=50$ m,$D_{i,j}^k=90$ m,$l_j=l_i=45$ m。CSN6367 于 13:21:10 先离开冲突区域,基于两机实际速度、位置计算 13:19:40—13:21:10 时段 90 s 内的冲突概率。

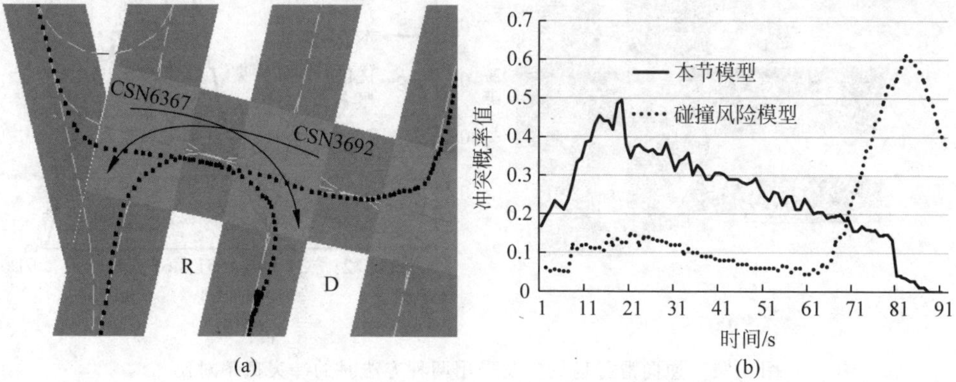

图 4-30 逆向滑行场景一及采用两种方法时的冲突概率对比

(a) 场景一的逆向滑行轨迹;(b) 冲突概率比较

如图 4-30(a)所示,逆向滑行段位于联络道 R,降落飞机 CSN6367 从快速脱离道 F6 经 R 自西向东滑行,而起飞飞机 CSN3692 从平滑 D 经 R 自东向西滑行。两机冲突概率随 t 的增加先增大后减小。CSN6367 刚脱离跑道时速度较大,而此时 CSN3692 在滑行道 D 静止,由于速度差较大,因此冲突概率较低,仅为 0.16。在 13:20:22,CSN6367 逐渐减速至 6.2 m/s,CSN3692 开始滑行,冲突概率增大至最大值 0.48,并在 0.35~0.45 范围内波动。随后 CSN6367 速度增加至 8.1 m/s,CSN3692 在进入 R 与 D 交叉口前减速为 1.5 m/s,冲突概率逐渐减小,这说明此时 CSN3692 航空器驾驶员已观察到相对滑行的飞机,或得到管制员的指令,在冲突区域外侧进行了减速避让。在 13:20:01,CSN6367 以 3 m/s 的速度进入滑行道 E,且与滑行道 D 上的 CSN3692 间隔 56.3 m,由此两机逆向冲突解脱,冲突概率下降至 0。将本节模型与碰撞风险模型计算结果进行对比,可知:当两航空器距离较远时,碰撞风险也同样呈先增大后减小趋势,但由于碰撞是冲突延续的特殊状态,因此对应相同 t 时,碰撞风险较小;当航空器距离较近且有相对运动时,碰撞风险急剧增加,但此时两机存在较大速度差和距离差,产生冲突的可能性很小。由此可知,碰撞风险模型基于水平间隔探测风险,具有一定局限性,有可能造成误判和虚警。综上所述,当两航空器距离较远时,本节模型能如实反映逆向冲突加剧和持续趋势,能为冲突预判提供辅助决策;当两航空器距离较近时,能结合航空器速度、位置综合判断冲突是否解脱,进而能得到更符合实际运行情况、更准确的冲突概率评估结果。

图 4-31(a)给出 CSN3817 与 CSN387 逆向交叉滑行实际轨迹,图 4-31(b)给出冲突概率评估结果。$D_{i,j}^{k}=60$ m、$l_j=l_i=45$ m,CSN3817 于 15:09:10 先离开冲突区域,基于两机实际速度、位置计算 15:07:40—15:09:10 时段 90 s 内冲突概率变化情况。

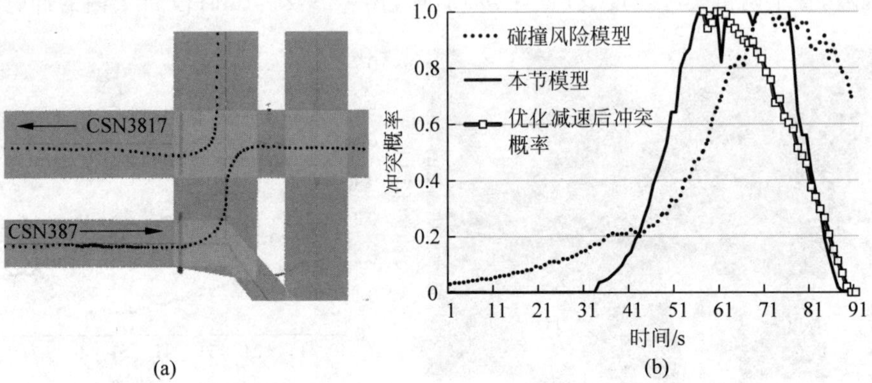

图 4-31 逆向滑行场景二及采用两种方法时的冲突概率对比

(a) 场景二逆向滑行轨迹;(b) 冲突概率比较

如图 4-31 所示,两航空器南北向滑行,方向相反。随着两机接近冲突区域,冲突概率与碰撞风险均逐渐增大。0～11 s 时段内,两机在上游滑行道 C、W 上的速度差较大,CSN3817 速度峰值为 11.2 m/s,是 CSN387 速度的 2.2 倍,由于冲突区域较小,因此虽然两机距离不断接近,仍能满足 CSN3817 离开后 CSN387 再进入的条件,冲突概率较小。随后 CSN387 加速至 6.9 m/s,而 CSN3817 逐渐接近冲突区域,减速至 4.7 m/s,此时冲突概率达到最大值 1.0。通过分析实际轨迹可知,在 15:08:10,CSN387 突然减速,如图 4-31(a)上聚集的轨迹点所示,10 s 内将速度减至 0,因此冲突概率急剧下降为 0。与图 4-30 相同,随着两机距离减小,传统碰撞模型的碰撞风险增大,在 CSN387 停止,等待后,碰撞风险仍大于 0.6。通过进一步分析可知,实际滑行中 CSN387 飞行员并未观察到相对冲突,得到管制指令后进行紧急减速避让,平均加速度为 $-0.69\ m/s^2$,是正常加速度的 3.5 倍。若在 15:08:36 对 CSN387 进行冲突预警,该航空器以 $-0.2\ m/s^2$ 进行优化减速后,仍能在进入冲突区前减速至停止,从而使冲突概率减小为 0。由此可知本节模型计算得到的冲突概率评估结果能有效判断冲突产生、发展趋势,提前预测冲突,减少急减速概率,提升场面运行安全。

根据以上数据分析得到如下结论:

(1) 通过仿真来验证,结果表明:本节模型可以对不同运动状态下的航空器逆向滑行冲突概率进行量化。逆向滑行段越长,冲突概率越大。有逆向滑行趋势的两架航空器之间速度差、间隔越大,前后机占用冲突区域的时间差越大,冲突概率值越小。

(2) 利用实际滑行轨迹进行仿真来验证,结果表明:本节模型能够根据航空器速度、位置变化实时量化逆向冲突概率,如实反映冲突产生、持续及解脱过程,该模型风险评估结果比传统碰撞模型更准确,更符合实际运行情况。

(3) 本节模型评估结果能为机场运行提供冲突预判和预警,能为管制员、飞行员提前判断冲突提供辅助决策,有利于帮助飞行员及时采取措施,提高机场运行安全水平和乘客舒适度。

4.3.4 飞行员敏感调速对航空器交叉滑行冲突的影响

目前相关模型中航空器速度变化较为稳定,多以最小滑行间隔或管制员指令定义加、减速时规则,对飞行员驾驶行为进行了弱化,进而无法模拟驾驶员意图和操作对冲突概率的影响。而在实际的机场场面运行中,由于绝大多数机场未安装场面引导控制系统[61],管制员无法实时获取航空器精确滑行速度,只能根据观察和经验估计间隔和风险概率,因此管制员很少规定滑行速度,也不会频繁发布调速指令,仅在有追赶、汇聚趋势且飞行员未采取措施时提醒其观察交通活动[185]。而飞行员是滑行安全的主要负责人,通过目视相关航空器和前方滑行道结构,为航空器配备目视间隔[89,92]。近年来,部分学者研究增强驾驶舱设备,例如滑行电子地图系统[186]、平视显示器[187]、驾驶舱滑行控制系统[188]等,为飞行员在高流量、跑道低能见度等条件下保持目视观察、配备目视间隔提供解决方案。由此可知,飞行员的目视观察、间隔判断和自主调速操作是滑行过程中的重要步骤。若研究航空器滑行过程细节和风险演化趋势,应引入飞行员目视间隔配备程序,考虑飞行员间隔判断和自主调速行为,构造滑行速度、位置动态变化规则。

1. 目视间隔配备程序

图 4-32 描述了航空器 f_i、f_j 汇聚滑行的情况。图 4-32 中深灰色部分为滑行道交叉口,带箭头虚线表示 f_i、f_j 的航迹及运动方向,航迹汇聚点为 $O_{i,j}$,在 t 时刻,两飞机速度为 $v_i(t)$、$v_j(t)$,且与汇聚点距离为 $L_i(t)$、$L_j(t)$,与交叉口边界距离为 $g_i(t)$、$g_j(t)$,飞行员的目视观察距离为 R_i、R_j,f_i、f_j 前方 160°的浅色扇形区域表示飞行员的目视范围,两机侧向间隔为 $D_{i,j}(t)$。

如图 4-32 所示,f_i、f_j 目视范围均覆盖深色交叉口,这说明两机飞行员均能发现前方滑行路径上存在交点且形成汇聚趋势,并进行左右观察,判断潜在冲突。f_i 位于 f_j 飞行员的目视范围内,因此 f_j 飞行员可实时观察 f_i 的距离和位置,并判断是否满足安全间隔,再调整速度。但 f_j 并未处于 f_i 飞行员的目视范围中,此时 f_i 飞行员仅根据滑行道结构、路径等调整速度或保持匀速滑行。

根据以上规则可知,滑行中目视间隔配备应同时满足两个条件:①飞行员能看见交叉口,知晓汇聚趋势;②后方飞机(简称后机)飞行员能目视前方飞机(简称前机),知晓其滑行态势。

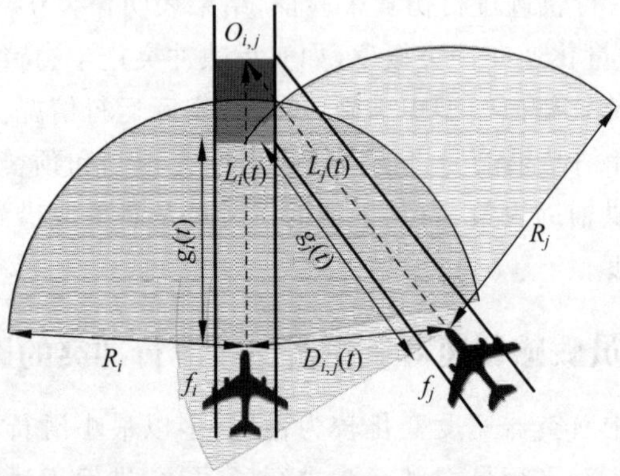

图 4-32 航空器滑行中目视间隔配备规则

2. 配备目视间隔时的交叉冲突概率评估

在 t 时刻，根据 f_i、f_j 的位置及距离，判断是否满足如下条件：

$$D_{i,j}(t) \leqslant R_j \tag{4-57}$$

$$g_j(t) \leqslant R_j \tag{4-58}$$

若不满足式(4-58)所示条件，则 f_j 看不到交叉口，以舒适加速度 a_v 逐渐加速至平均滑行速度 $\bar{v}$：

$$v_j(t+1) = \min(\bar{v}, v_j(t) + a_v \times 1) \tag{4-59}$$

若不满足式(4-57)所示条件，则 f_j 看不到 f_i，若满足

$$g_j(t) > \frac{(v_j(t))^2 - (v^{\mathrm{T}})^2}{a_v} \tag{4-60}$$

则 f_j 不改变速度，否则飞机按照舒适加速度 a_v 逐渐加速或减速至转弯限制速度 v^{T}：

$$v_j(t+1) = \max(v^{\mathrm{T}}, v_j(t) \pm a_v \times 1) \tag{4-61}$$

式(4-61)中 v^{T} 取值由滑行道宽度、转弯角度、f_j 翼展等参数综合决定。

若同时满足式(4-57)和式(4-58)所示条件，则 f_j 能看见 f_i 且能看见交叉口，f_j 飞行员可根据 f_i 位置，按以下步骤配备目视间隔。

计算 t 时刻 f_j 与 f_i 在交汇点 $O_{i,j}$ 的纵向间隔：

$$S_{i,j}(t) = L_j(t) - L_i(t) \tag{4-62}$$

若 $S_{i,j}(t) < 0$，则 f_j 距离 $O_{i,j}$ 更近，根据先来先服务原则，f_j 可优先通行，按照式(4-59)～式(4-61)保持速度或按照滑行道结构减速。

若 $S_{i,j}(t) \geqslant 0$，f_j 距离 $O_{i,j}$ 更远，如图 4-32 所示，f_i 为前机，f_j 为后机，f_j 目视前机 f_i 来配备目视间隔。

设滑行航空器最小侧向间隔为 Δw，定义 t 时刻侧向接近率：

$$r_{i,j}^{\mathrm{W}}(t) = \frac{\Delta w}{D_{i,j}(t) + 1} \tag{4-63}$$

设最小纵向间隔为 Δl，定义两机纵向接近率：

$$r_{i,j}^{\mathrm{L}}(t)=\frac{\Delta l}{S_{i,j}(t)+1} \tag{4-64}$$

计算两机接近率：

$$r_{i,j}(t)=\sqrt{(r_{i,j}^{\mathrm{L}}(t))^2+(r_{i,j}^{\mathrm{W}}(t))^2} \tag{4-65}$$

式(4-65)可量化两机接近程度，$r_{i,j}(t)\in(0,+\infty)$。

当 $r_{i,j}(t)\geqslant 1$ 时，两机的接近程度已经小于纵向或侧向间隔，因此后机 f_j 根据 $r_{i,j}(t)$ 调整速度。

定义后机减速率：

$$r_j^v(t)=(r_{i,j}(t))^{-0.1} \tag{4-66}$$

$r_j^v(t)\in(0,1)$且与 $r_{i,j}(t)$呈负相关，两机越接近，后机减速率越大，则有

$$v_j(t+1)=v_i(t)\times r_j^v(t) \tag{4-67}$$

当 $r_{i,j}(t)\in(0,1)$时，两机的接近程度同时满足纵向、侧向间隔，若 $r_{i,j}(t)\in(0,0.5)$，则两机间隔较大，后机 f_j 以式(4-68)定义的规则加速：

$$v_j(t+1)=\min(\min(v_{\max},v^{\mathrm{T}}),v_j(t)+a_v\times 1) \tag{4-68}$$

调整速度后，航空器向前滑行：

$$L_i(t+1)=L_i(t)-v_i(t+1)\times 1 \tag{4-69}$$

本节模型抽象飞行员目视前方来判断是否存在汇聚交叉口和相关航空器，并根据实时位置、速度、纵向间隔、侧向间隔动态推测接近率和减速率的过程，兼顾安全与效率，设计了加速及减速规则。该模型可再现以飞行员为主导的目视间隔建立程序，刻画了以后机速度变化实现间隔配备和冲突避让方式，体现了航空器滑行动态及相互影响。

3. 仿真程序设计及验证分析

本节从飞行员角度出发，根据可观察范围内的滑行道构型和前机位置，动态计算下一时刻航空器速度变化，仿真时间段 T 内配备目视间隔下航空器滑行过程。

编程实现本节模型，设两条滑行道末端形成图 4-32 所示交叉口，按照一定比例及滑行间隔规定在两条滑行道入口端产生航空器，按照本节模型规则进行速度和位置变化，具体程序流程如图 4-33 所示。程序设计初始定义 $t=0$，仿真总时间为 T，航空器与滑行道末端距离为 $L_j(0)$。在每一秒钟，程序以式(4-57)、式(4-58)判断是否满足目视间隔配备条件，并根据判断结果转入不同程序分支：自主加速、转弯减速和目视间隔配备调速。其中目视间隔调速分三步：根据前后机纵向、侧向间隔计算接近率；计算预期减速率；按照减速率执行减速或正常加速操作。最后根据速度变化推算两机位置和距离。

中国民航机场管制规定航空器最小滑行纵向间隔为 50 m，滑行时机翼间隔不小于 10 m，设航空器为常见的 B737、A320 系列机型，翼展为 35 m，上游滑行道长

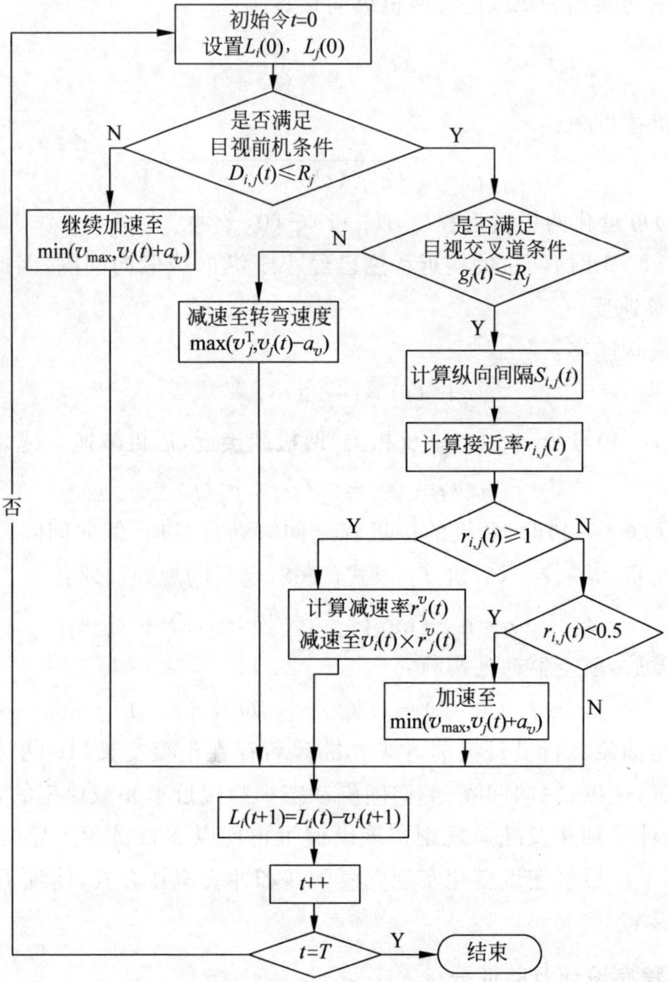

图 4-33 模型仿真程序流程图

度为 900 m，滑行道夹角为 30°。令 $v_{\max}=10$ m/s，$\Delta l=50$ m，$\Delta w=80$ m，由文献[91-92]，令 $v^{\mathrm{T}}=4$ m/s，$a_v=0.2$ m/s^2，设两机同时出现在滑行道入口，初始滑行速度均为 5 m/s。

为分析目视观察距离的影响，对滑行速度、纵向间隔、加速度、接近率等滑行关键参数进行仿真计算和分析。令 $t\in[0,100]$，每次增加 1 s，$R_i=R_j\in[600,900]$ m，每次增加 3 m，得到不同参数影响下的 101×101 个仿真运行数值。

图 4-34 给出仿真程序运行中的不同场景。图 4-34(a)中前机 0008 已接近交叉口，速度减至 4 m/s，后机 0002 为保持间隔，速度减至 3 m/s。当前机转弯减速时，会引发后机跟随减速。减速后纵向间隔为 105 m，侧向间隔为 122 m，以保证两机滑行安全。

图 4-34(b)中前机 0017 持续加速至 10 m/s，纵向间隔为 142 m，侧向间隔为

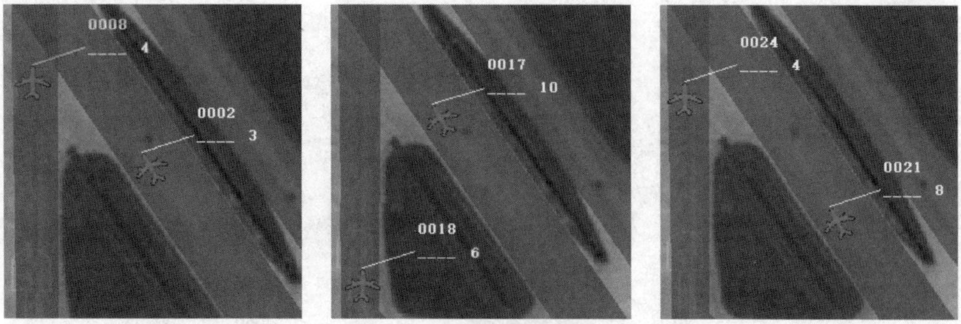

(a) (b) (c)

图 4-34 仿真运行示意图

(a) 后机跟随前机减速；(b) 后机跟随前机加速；(c) 前后机影响较小

160 m，后机 0018 以 0.2 m/s^2 的加速度加速至 6 m/s。该图体现了前机快后机慢，间隔增加，接近率降低，后机跟随加速的情况。

图 4-34(c)中前机 0024 已减至转弯速度 4 m/s，侧向间隔为 199 m，纵向间隔为 189 m，由于两航空器接近率较小，后机仍可继续加速至 8 m/s。由此体现了两机间隔较大导致的延迟减速过程。

根据以上仿真运行图可知，本节模型可对不同运动态势下的目视间隔配备过程进行仿真，细致描述飞机运动过程的相互影响，以及飞行员确保安全和兼顾效率的意图及操作。

图 4-35 显示了目视间隔作用下后机速度变化。目视观察距离越大，后机越早发现汇聚趋势，减速时机越早，减速度越小。图 4-35 中 $R_j \in [780,900]$m 时后机速度曲线呈缓慢下降趋势。而 $R_j \in [600,700]$m 时观察距离较小，由于不能目视观察到交叉口和前机位置，f_j 会持续加速，直至 10 m/s。当前机和交叉口进入观察范围时，后机急减速，曲线突然下降，最大加速度为 $-0.753\ m/s^2$，是舒适加速度的 3.75 倍。随着两机间隔不断扩大，根据本节定义的目视间隔配备规则，后机逐渐加速来缩小间隔。R_j 较大时，由于前期减速及时，后机在 55 s 后有充分的加速时间，而 R_j 较小时，减速时间较长，加速时段小于 15 s，因此平均速度小于 5 m/s，滑行效率较低。

由此可知，观察距离越大，后机减速越及时且加速度越小，滑行速度变化波动越小且相对越稳定，运行效率越高。

图 4-36、图 4-37 给出目视间隔下的纵向间隔、侧向间隔变化趋势。图 4-36 中纵向间隔随时间的增加呈先增大再减小趋势，R_j 越小，纵向间隔扩大的时段越长，缩短的时段越短。当 $R_j = 600$ m 时，纵向间隔在前 37 s 为 0，此后逐渐增大，直至 98 s 时达到 173.8 m。当 $R_j = 900$ m 时，纵向间隔在 $t \in [1,65]$s 时段内逐渐增大至 125.2 m，此后缓慢减少至 58.54 m，略大于最小间隔 50 m，且仅为 $R_j = 600$ m 时峰值的 33.7%。

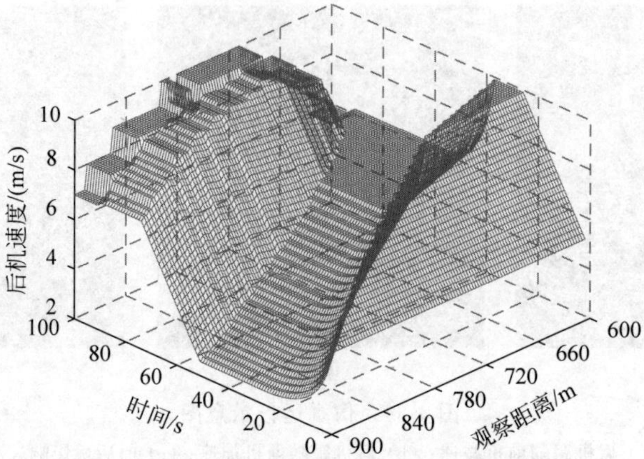

图 4-35　后机速度随时间、观察距离变化趋势图

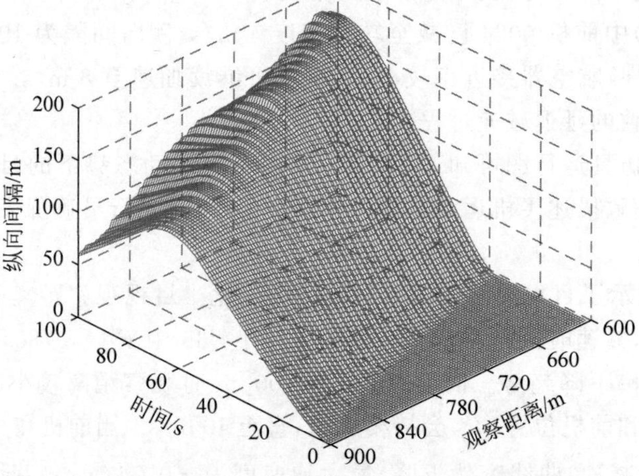

图 4-36　两机纵向间隔随时间、观察距离变化趋势图

图 4-37 中侧向间隔随时间的增加逐渐减小。当 R_j、R_i 较小时，30 s 以后飞行员才发现汇聚，由于前期持续加速，两机距交叉口较近，侧向间隔急剧减小，随着后机不断减速，侧向间隔减小趋势平缓，80 s 后侧向间隔值域为[173，186]m，标准差仅为 16.7 m，是前 50 s 的 22.8%。而 R_j、R_i 较大时，侧向间隔减小幅度波动较小，当 $R_i=R_j=900$ m，$t=100$ s 时，侧向间隔峰值为 225 m。这是由于观察范围较大，前机能较早发现交叉口。根据式(4-66)、式(4-67)减速至转弯速度，因此两机距离交叉口较远，存在较大的侧向间隔。

图 4-36、图 4-37 说明：当观察距离较大时，后机能利用较长时间和距离进行速度和间隔调整，能满足安全要求同时提升运行效率。前机能提前发现交叉口并实施减速，同时引发后机跟随减速，能够在距交叉口较远处完成间隔配备，能有效控制小角度的汇聚交叉口处产生侧向冲突。

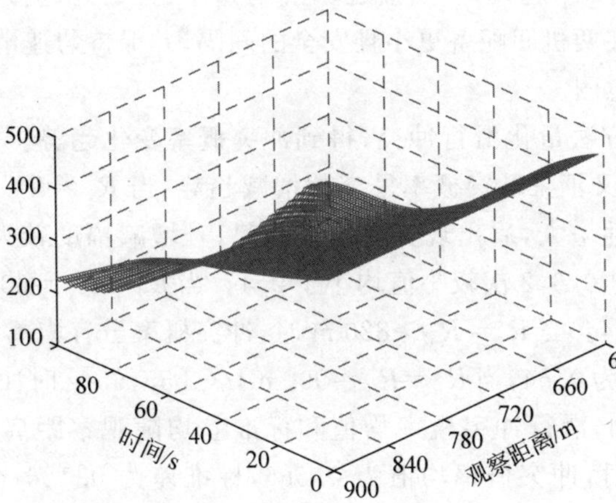

图 4-37 两机侧向间隔随时间、观察距离变化趋势图

本节定义的目视间隔配备规则中，接近率是判断下一秒速度增减的核心参数。图 4-38 给出两机接近率在 50～100 s 的变化趋势。如图 4-38 所示，当 $t=50$ s 时，接近率与 R_j、R_i 成反比，当 $t=100$ s 时，接近率与 R_j、R_i 成正比。当 R_j、R_i 较大时，后机在 1～49 s 已完成了间隔配备且后机速度较小，因此接近率小于 1；当 R_j、R_i 大于 840 m 时，接近率小于 0.5，后机加速追赶使接近率逐渐增大。而当 R_j、R_i 较小时，后机减速较晚且速度较大，因此 50 s 后接近率仍大于 1，这说明两机间隔小于安全标准，因此后机继续减速使接近率降低。当 $R_i=R_j=900$ m 时，100 s 后接近率为 0.941，根据模型规则，下一秒后机仍保持当前速度，同时根据图 4-36，此时纵向间隔 58 m。

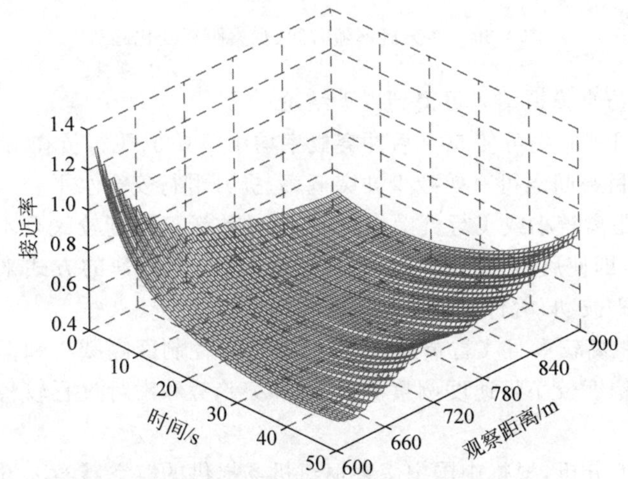

图 4-38 两机接近率随时间、观察距离变化趋势

由此可知，R_j、R_i 越大，后期接近率波动越小，且最终越接近 1.0。这说明飞行员及时观察并在两机间配备更小且安全的间隔，并保持匀速滑行，该过程符合飞行员实际操作和意图。

用 4.3.1 节方法量化滑行冲突，得到冲突概率变化趋势。如图 4-39 所示，随时间增加，两机交叉汇聚冲突概率呈交替增减趋势，当 $R_i = R_j < 760$ m 时，t 较小时冲突概率先线性增大，后出现交替增减趋势，且增减幅度较大，冲突概率出现 3 次较大值且均超过 0.6，2 次较小值均小于 0.4。当 $R_i = R_j = 600$ m，$t = 37$ s 时，冲突概率峰值为 0.84。当 $R_i = R_j > 820$ m 时，冲突概率虽有增减但整体波动次数及幅度较小，最大值为 0.54，当 $R_i = R_j = 900$ m，$t \in [55, 65]$s 时冲突概率值为 0。通过进一步分析可知，滑行冲突概率均值和标准差均随观察距离的增加而减少，当 $R_i = R_j = 600$ m 时，冲突概率均值为 0.566，标准差为 0.126，分别是 $R_i = R_j = 900$ m 时的 2.79 倍和 1.415 倍。

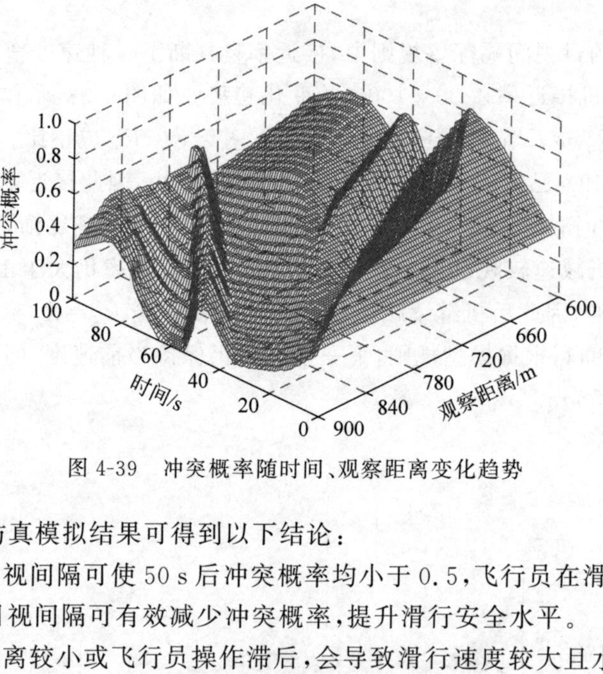

图 4-39　冲突概率随时间、观察距离变化趋势

根据以上仿真模拟结果可得到以下结论：

(1) 配备目视间隔可使 50 s 后冲突概率均小于 0.5，飞行员在滑行中目视前机和交叉口配备目视间隔可有效减少冲突概率，提升滑行安全水平。

(2) 观察距离较小或飞行员操作滞后，会导致滑行速度较大且水平间隔较小，冲突概率较大，即使后机飞行员在后期采取长时间、急减速的方式来缓解冲突，仍会造成风险水平波动，滑行稳定性和运行效率较差。

(3) 观察距离较大且飞行员操作及时，能快速控制间隔减小和汇聚滑行趋势，因此后机调速幅度较小且速度调整不频繁，冲突趋势和滑行过程较稳定，且运行效率较高。

为证实以上分析，根据中国中南某枢纽机场提供的航空器实际滑行轨迹数据，分析关键交叉口航空器汇聚滑行轨迹，与本节提出的滑行模型进行对比。图 4-40 给出 5 组航空器在同一交叉口汇聚时前机、后机经过交叉口前 75 s 的速度变化。

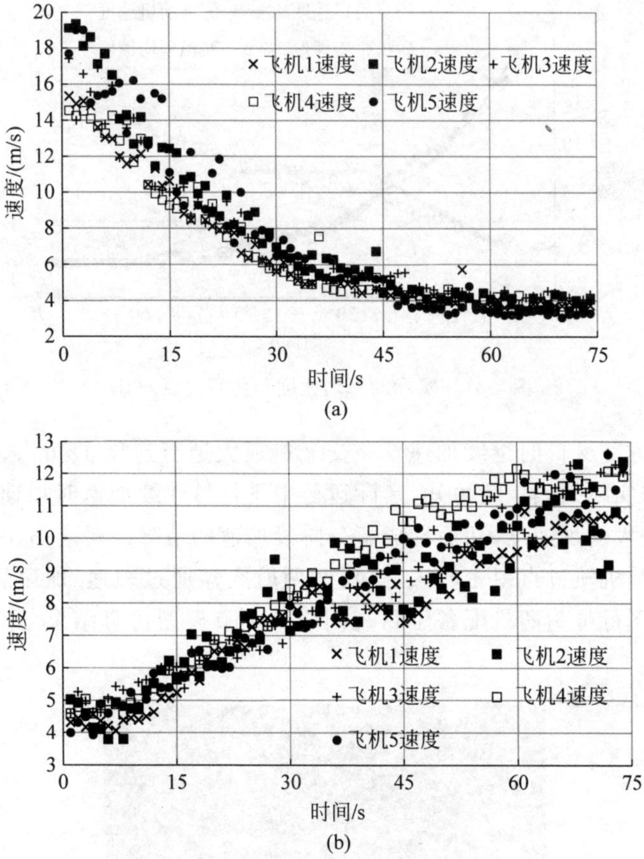

图 4-40 后机和前机滑行速度变化

(a) 5 架后机滑行速度；(b) 5 架前机滑行速度

如图 4-40(a)所示，后机观察到左侧有其他航空器，预判冲突并进行减速，在前 30 s 内平均加速度为$-0.35\ \mathrm{m/s^2}$；如图 4-40(b)所示，前机逐渐加速，前 30 s 内平均加速度为 $0.1\ \mathrm{m/s^2}$。这说明两航空器在相遇前通过目视前方交叉口和相关航空器位置，自主调节滑行速度，后机减速避让，前机加速通过，以使两机在相遇前满足纵向、侧向安全间隔。由此说明本节描述的基于飞行员实时观察并配备目视间隔的滑行过程与实际滑行运行轨迹相符。

图 4-41 给出以上 5 组速度的平均值和用本节模型仿真得到的滑行速度。仿真时令 $R_i=R_j=800\ \mathrm{m}$，飞机 1 初始速度为 16.2 m/s，飞机 2 初始速度为 4.2 m/s，$\Delta l=65\ \mathrm{m}$，$\Delta w=80\ \mathrm{m}$，$v^{\mathrm{T}}=12\ \mathrm{m/s}$，$a_v=0.2\ \mathrm{m/s^2}$。图 4-42 给出航空器仿真滑行轨迹。

如图 4-41 所示，仿真滑行速度变化与实际平均速度整体趋势相同。仿真数据显示后机前期单位时间减速率较大，后期单位时间减速率较小，60 s 后匀速经过交叉口。前机在前30 s 内以 $0.2\ \mathrm{m/s^2}$ 的加速度逐渐加速至平均速度并保持匀速滑

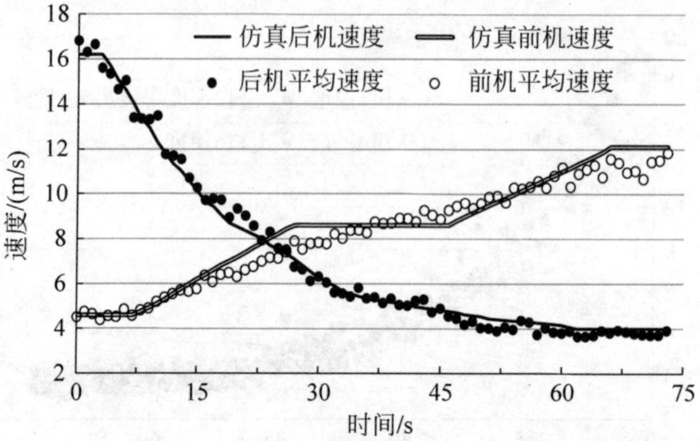

图 4-41 实际的平均速度与仿真速度对比

行，当目视前方交叉口时继续加速至该交叉口最大通行速度 12 m/s。通过对比仿真滑行速度与实际平均速度可知，实际运行中飞行员连续加速时加速度较小，本节模型采用了较大的加速度，从而形成了分阶段加速的情况。对应图 4-42，后机轨迹点由疏转密，前机轨迹点由密转疏，这说明两航空器通过减速、加速过程进行了间隔调整，后机飞行员为两机配备了目视间隔。本节模型仿真结果与实际运行过程基本一致。

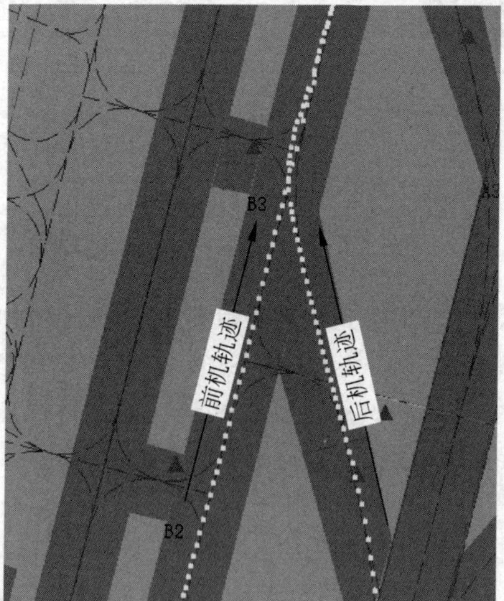

图 4-42 仿真滑行轨迹

图 4-43 给出实际滑行轨迹与仿真滑行轨迹对比，图 4-43(a)为停驻航空器遮挡导致观察范围受限时航空器 MAS377 和 CSN3501 向 90°交叉口汇聚滑行的轨迹，图 4-43(b)为观察范围不受限，$R_i = R_j = 800$ m 时两航空器的仿真滑行轨迹。

通过对比图 4-43(a)、(b)可知，411～417 机位停放航空器，遮挡滑行道，产生

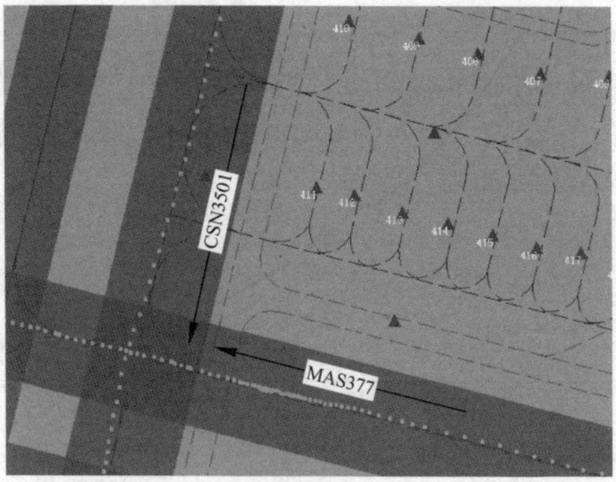

(a)

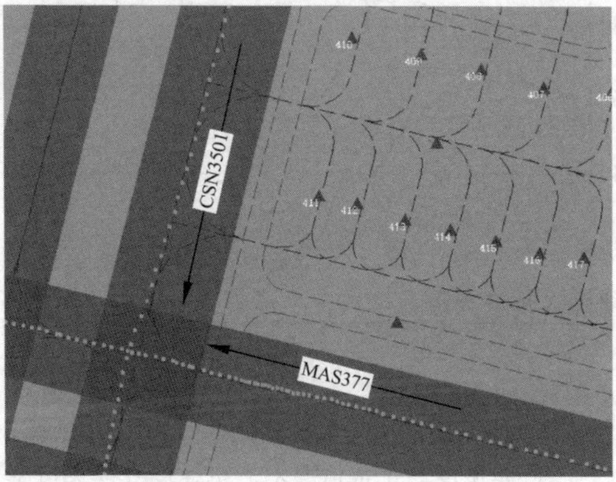

(b)

图 4-43 实际滑行轨迹与仿真滑行轨迹对比

(a) 情况一下实际滑行轨迹；(b) 情况二下仿真滑行轨迹

视觉盲区，两机无法在距离较远时目视观察，因此 MAS377 以较大速度滑行时间较长，减速时机较晚。当 MAS377 观察到前方的 CSN3501 时，已经距离交叉口不足 90 m，为防止冲突碰撞，飞行员进行急减速，并保持静止状态，等待 CSN3501 完全通过交叉口，之后再继续滑行。图 4-43(a)中 MAS377 轨迹呈现明显的点聚积。图 4-43(b)中设置观察不受限，能见范围为 800 m，MAS377 在距离道口 620 m 处观察到 CSN3501 并逐渐减速，在距离道口 150 m 处减速至 1.5 m/s，当前机通过道口后逐渐加速。通过对比图 4-43(a)、(b)可知，当观察范围较大时，后机可及时观察到前机，能通过提前减速配备滑行间隔。

图 4-44 给出低能见度和正常情况下 MAS377 的速度变化(图 4-44(a))和两航空器滑行冲突概率(图 4-44(b))。

由图 4-44(a)可知，低能见度情况下观察范围小，MAS377 初始加速度仅为 $-0.16\ m/s^2$，26 s 后发现前机，进行急减速，7 s 内平均加速度为 $-0.67\ m/s^2$，最大

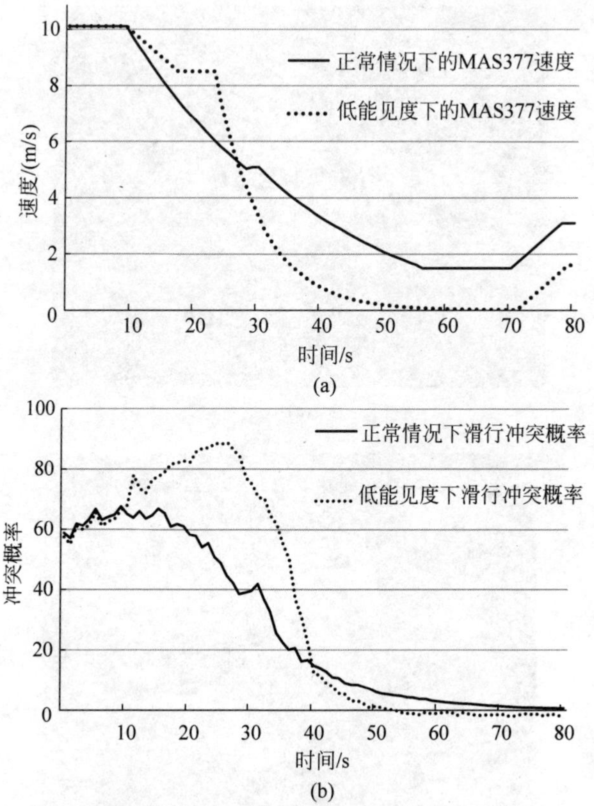

图 4-44 低能见度和正常情况下后机速度及冲突概率变化

(a) 低能见度和正常情况下 MAS377 速度对比；(b) 低能见度和正常情况下冲突概率对比

加速度为 $-1.16\ \mathrm{m/s^2}$，是舒适加速度的 5.8 倍，为防止相撞，MAS377 等待时长约为 20 s。正常情况下观察范围大，MAS377 飞行员根据 CSN3501 位置配备目视间隔，逐步减速，经 20 s 以平均加速度 $-0.24\ \mathrm{m/s^2}$ 减速至 5 m/s。随着 CSN3501 不断接近交叉口，MAS377 再次以平均加速度 $-0.13\ \mathrm{m/s^2}$ 经 26 s 减速至 1.5 m/s。由此可知，观察范围较大，不存在目视盲区的情况下，飞行员通过可目视前机及时减速，将静止转化为缓慢滑行，这样可有效减少滑行中的急减速和中断、等待。

图 4-44(b)给出不同情况下两机的冲突概率。低能见度情况下，在 28 s 时冲突概率达到峰值 91.4%，这说明此时两机碰撞风险很高；随着 MAS377 急减速至 1.5 m/s，冲突概率减少至 52%；当 MAS377 静止等待时，冲突概率小于 5%。正常情况下最大冲突概率仅为 67.7%，与图 4-44(a)相比较，当 MAS377 开始减速时冲突概率随即开始下降，这说明当两机距离交叉口较远时，后机小幅度减速即可缓解冲突概率。在 28 s 时冲突概率减少至 38.5%，由此说明越早配备目视间隔越能有效控制运行冲突概率，提高滑行安全水平。

基于以上分析可知，机场实际运行中应使用灯光指示系统、冲突多发地带标志来提示交叉口位置，利用机载设备和电子地图包等机载设备来显示滑跑结构和监视信息，同时管制员应在关键位置及时通报相关航空器位置和运动趋势，提醒飞行员及时采取措施。以上设备及手段能帮助飞行员建立情景意识，使飞行员视野增强，消除盲区，增加观察距离，以协助飞行员配备目视间隔，减少滑行冲突，提升运行效率。

基于以上仿真及实际轨迹分析，可得出以下结论：

(1) 本节模型可模拟飞行员将前机位置和交叉口作为参照物，预判冲突，实时调节速度的目视间隔配备行为。

(2) 本节模型能如实刻画滑行中后机减速与加速混合实施，以保障滑行安全和提高运行效率的滑行过程。

(3) 飞行员在滑行中目视前机和交叉口来配备目视间隔可有效减少冲突概率，提升滑行安全水平。当跑道能见度小于 100 m 时或有遮挡时，采用灯光设备指示、管制员提示等方法来告知飞行员前机位置，人为扩大观察范围能有效控制冲突概率，提高滑行稳定性。

(4) 该模型仿真结果与实际运行程序、真实轨迹吻合得较好，本节结论能用于评价飞行员操作及目视范围的影响，能对机场滑行风险评估及助航策略提供技术支持。

4.4 航空器与特种车辆混合运行风险评估

4.4.1 航空器与特种车辆运行冲突分析

滑行道交叉口是指滑行道系统中两条或两条以上滑行道重叠区域[89,146]。它是机场机动区范围内常见的结构，航空器或者车辆经过交叉口时轨迹呈汇聚重合状态，水平间隔缩小，是形成冲突隐患的区域。

在机场运行中，可进入机动区范围的车辆包括跑道巡逻车、滑行引导车等。中国民航局 CCAR-140 部飞行区管理规定了车辆最大速度和最小间隔，也规定特种车辆与航空器相遇应主动避让，即车辆应减速慢行以使航空器优先通行[63]。但按照以上规则运行需要满足以下 2 个条件：

(1) 车辆驾驶员能观察到航空器。

(2) 车辆驾驶员主观判断与航空器距离较近，并采取减速、避让。

若车辆驾驶员观察不足，或驾驶方式激进，主观认为能通过加速而先于航空器通过交叉口，则不会主动减速和避让。相较于航空器，车辆行驶灵活性高，机动性强，在小范围内容易实施调头、倒车、紧急制动和加速等动作，因此不同车辆驾驶员对冲突趋势的判断和操作差异较大。

因此，本节以滑行道系统中常见且危险性较大的十字形交叉口为例，研究此类滑行道上相遇的特种车辆与航空器运行风险，对不同驾驶方式下的冲突概率进行量化分析，并给出安全管控建议。

4.4.2 考虑车辆驾驶特性的航空器与车辆混合交叉风险评估

如图 4-45 所示，滑行道 m 和 n 呈十字形交叉，O 点为交叉口中心位置，航空器 f_i 沿滑行道 m 由西向东滑行，车辆 c_j 沿滑行道 n 由南向北行驶，在 t 时刻与 O 点距离分别为 $s_i^{\mathrm{f}}(t)$、$s_j^{\mathrm{c}}(t)$，速度为 $v_i^{\mathrm{f}}(t)$、$v_j^{c}(t)$，l_i^{f} 为 f_i 机身长度，车辆长度忽略不计。经过 Δt 时间，f_i 与 c_j 前进距离分别为 $d_i^{\mathrm{f}}(\Delta t)$、$d_j^{\mathrm{c}}(\Delta t)$，它们的速度演化规则不同，形成两种通行顺序。

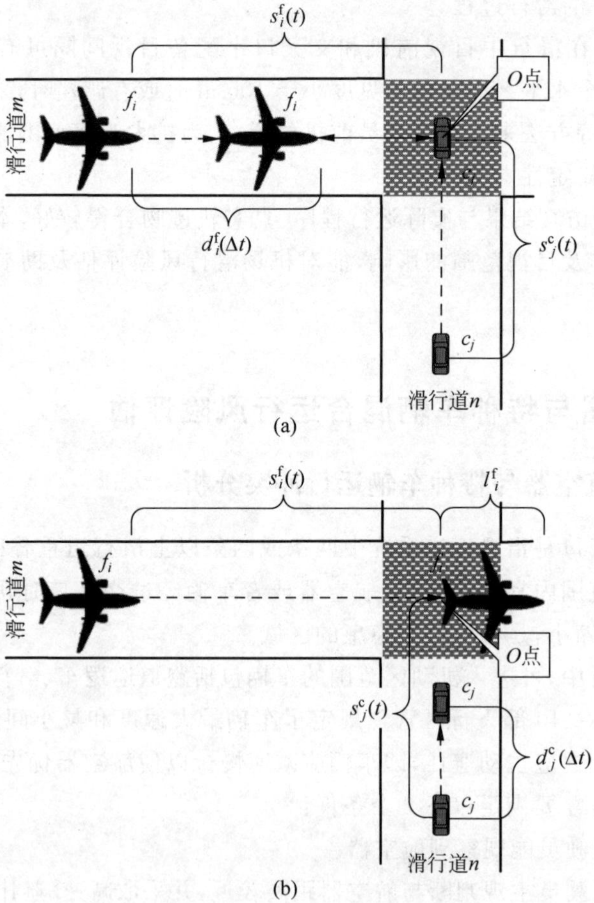

图 4-45 车辆与航空器相遇的不同状态

(a) 车辆先到达交叉口；(b) 航空器先到达交叉口

设 $l_{\min}^{\mathrm{cf}}$ 为车辆在前时(图 4-45(a))车辆与航空器之间最小间隔，$l_{\min}^{\mathrm{fc}}$ 为航空器在前时(图 4-45(b))航空器与车辆之间最小间隔。图 4-45(a)中车辆于 $t+\Delta t$ 时刻

先到达 O 点，则有

$$d_j^{\mathrm{c}}(\Delta t) \geqslant s_j^{\mathrm{c}}(t) \tag{4-70}$$

设此时车与航空器间隔为 $l^{\mathrm{cf}}(t+\Delta t)$，则有

$$l^{\mathrm{cf}}(t+\Delta t) = s_i^{\mathrm{f}}(t) - d_i^{\mathrm{f}}(\Delta t) \tag{4-71}$$

车辆先到达且无冲突的条件为

$$l^{\mathrm{cf}}(t+\Delta t) \geqslant l_{\min}^{\mathrm{cf}} \tag{4-72}$$

综合式(4-70)～式(4-72)可得

$$s_i^{\mathrm{f}}(t) - l_{\min}^{\mathrm{cf}} \geqslant d_i^{\mathrm{f}}(\Delta t) \Rightarrow \frac{s_i^{\mathrm{f}}(t) - l_{\min}^{\mathrm{cf}}}{d_i^{\mathrm{f}}(\Delta t)} \geqslant 1, \quad s_j^{\mathrm{c}}(t) \leqslant d_j^{\mathrm{c}}(\Delta t) \Rightarrow \frac{s_j^{\mathrm{c}}(t)}{d_j^{\mathrm{c}}(\Delta t)} \leqslant 1 \tag{4-73}$$

车辆先于航空器通过交叉口且无冲突的条件为

$$\frac{s_j^{\mathrm{c}}(t)}{d_j^{\mathrm{c}}(\Delta t)} \leqslant \frac{s_i^{\mathrm{f}}(t) - l_{\min}^{\mathrm{cf}}}{d_i^{\mathrm{f}}(\Delta t)} \tag{4-74}$$

$$d_j^{\mathrm{c}}(\Delta t) = \int_t^{t+\Delta t} v_j^{\mathrm{c}}(t)\,\mathrm{d}t, \quad d_i^{\mathrm{f}}(\Delta t) = \int_t^{t+\Delta t} v_i^{\mathrm{f}}(t)\,\mathrm{d}t \tag{4-75}$$

设 $P^{\mathrm{cf}}(t)$ 为 t 时刻满足以上条件时的概率，则有

$$P^{\mathrm{cf}}(t) = \iint\limits_{[t,t+\Delta t]} \left(\frac{s_i^{\mathrm{f}}(t) - l_{\min}^{\mathrm{cf}}}{v_i^{\mathrm{f}}(t)} - \frac{s_j^{\mathrm{c}}(t)}{v_j^{\mathrm{c}}(t)} \right) \mathrm{d}v_i^{\mathrm{f}}(t)\,\mathrm{d}v_j^{\mathrm{c}}(t) \tag{4-76}$$

图 4-45(b)中航空器于 $t+\Delta t$ 时刻先到达 O 点，则有

$$d_i^{\mathrm{f}}(\Delta t) \geqslant s_i^{\mathrm{f}}(t) + l_i^{\mathrm{f}} \tag{4-77}$$

设此时航空器与车间隔为 $l^{\mathrm{fc}}(t+\Delta t)$，则有

$$l^{\mathrm{fc}}(t+\Delta t) = s_j^{\mathrm{c}}(t) - d_j^{\mathrm{c}}(\Delta t) \tag{4-78}$$

航空器先到达且无冲突条件为

$$l^{\mathrm{fc}}(t+\Delta t) \geqslant l_{\min}^{\mathrm{fc}} \tag{4-79}$$

同样地，对式(4-63)～式(4-65)进行合并，得到航空器先于车辆通过交叉口且无冲突条件为

$$\frac{s_i^{\mathrm{f}}(t) + l_i^{\mathrm{f}}}{d_i^{\mathrm{f}}(\Delta t)} \leqslant \frac{s_j^{\mathrm{c}}(t) - l_{\min}^{\mathrm{fc}}}{d_j^{\mathrm{c}}(\Delta t)} \tag{4-80}$$

设 $P^{\mathrm{fc}}(t)$ 为 t 时刻满足以上条件时的概率，则有

$$P^{\mathrm{fc}}(t) = \iint\limits_{[t,t+\Delta t]} \left(\frac{s_j^{\mathrm{c}}(t) - l_{\min}^{\mathrm{fc}}}{v_j^{\mathrm{c}}(t)} - \frac{s_i^{\mathrm{f}}(t) + l_i^{\mathrm{f}}}{v_i^{\mathrm{f}}(t)} \right) \mathrm{d}v_i^{\mathrm{f}}(t)\,\mathrm{d}v_j^{\mathrm{c}}(t) \tag{4-81}$$

由于以上两种安全状态不能同时发生，因此可得车辆与航空器 t 时刻冲突概率为

$$P(t) = 1 - (P^{\mathrm{c}}(t) + P^{\mathrm{f}}(t)) \tag{4-82}$$

与文献[144,146]相比较，航空器与车辆混合运行风险评估，和航空器之间有明显差异：①航空器之间应考虑机翼尖范围、前机发动机喷流影响，冲突区域定义

较大；②航空器之间最小间隔为常量 50 m，但车辆和航空器之间最小安全间隔根据前后顺序产生变化；③概率密度求解区间不同，航空器速度较为稳定，而车辆速度变化范围较大，因此计算冲突概率时在$[t,t+\Delta t]$区间进行积分求解。

由于航空器运动受管制规则、乘客舒适度等制约，滑行过程较为稳定，速度在较小区间呈均匀分布[144,146]，速度区间随场面条件和管理单位要求变化。设航空器滑行最小加速度为v_a^{f}，最小减速度为v_d^{f}，单位为$\mathrm{m/s^2}$，定义v'为加速度或减速度的增量，单位为$\mathrm{m/s^2}$，每时刻航空器滑行速度区间为$[v_i^{\mathrm{f}}(t)-(v_d^{\mathrm{f}}+v')\cdot 1, v_i^{\mathrm{f}}(t)+(v_a^{\mathrm{f}}+v')\cdot 1]$。

车辆的速度变化呈现较为复杂的特征，目前交通流研究中，常以随机减速概率对应不同的驾驶方式。相同条件下，减速越频繁说明驾驶方式越保守，反之则越激进[170-172]。但在机场场面交通中，车辆速度受驾驶方式和管制规则制约，本节构建的特种车辆行驶规则综合了以上两方面的影响。

设车辆滑行初始时刻为t_0，初始速度为$v_j^{\mathrm{c}}(t_0)$，与交叉口中心 O 点的距离为$s_j^{\mathrm{c}}(t_0)$，车辆最小加、减速度分别为v_a^{c}、v_{d}^{c}，单位为$\mathrm{m/s^2}$，v'为加速度或减速度的增量，单位为$\mathrm{m/s^2}$，最大速度为$v_{\max}^{\mathrm{c}}$。基于元胞自动机模型定义特种车辆驾驶规则：

每一秒钟加速：

$$v_j^{\mathrm{c}}(t+1)=\min(v_{\max}^{\mathrm{c}}, v_j^{\mathrm{c}}(t)+(v_a^{\mathrm{c}}+v')\cdot 1) \tag{4-83}$$

每一秒钟以概率 p 随机减速：

$$v_j^{\mathrm{c}}(t+1)=\max(0, v_{j(t+1)}^{\mathrm{c}}-(v_d^{\mathrm{c}}+v')\cdot 1) \tag{4-84}$$

令$\lambda(\lambda\geqslant 1)$为间隔裕度，避让减速条件为

$$s_i^{\mathrm{f}}(t)\leqslant \lambda l^{\mathrm{cf}} \quad 且 \quad s_i^{\mathrm{f}}(t)\leqslant s_j^{\mathrm{c}}(t) \tag{4-85}$$

每一秒钟避让减速：

$$v_j^{\mathrm{c}}(t+1)=\max(\delta(t)v_j^{\mathrm{c}}(t+1),0) \tag{4-86}$$

其中 t 时刻避让减速率$\delta(t)$为

$$\delta(t)=\frac{s_j^{\mathrm{c}}(t)-l^{\mathrm{fc}}}{s_{\mathrm{i}}^{\mathrm{f}}(t)+1} \tag{4-87}$$

每一秒钟位置更新：

$$s_i^{\mathrm{f}}(t+1)=s_i^{\mathrm{f}}(t)-v_i^{\mathrm{f}}(t)\cdot 1 \tag{4-88}$$

机场场面特种车辆每时步速度、位置更新均经过以上步骤。其中，式(4-84)所示的减速过程是以概率 p 发生的，p 值决定驾驶员激进、稳定或保守的操作特征。式(4-85)定义了车辆避让航空器的条件，不满足该条件，说明航空器与车辆距离较远，车辆速度变化由驾驶方式决定；满足该条件，说明航空器更接近交叉口且处于车辆驾驶员观察范围内，车辆按照管制规则，以减速率 δ 降低滑行速度以避让航空器。

由此可知本节定义的特种车辆行驶模型兼顾了驾驶特征和管制规则，能反映激进、稳定或保守的驾驶方式，同时刻画了车辆与航空器处于一定范围内，驾驶员

遵循管制规定，实时判断间隔和速度差异，并调速以避让航空器的行驶过程。

4.4.3　仿真验证与风险分析

设航空器 f_i 与车辆 c_j 向十字形交叉口运行，以我国民航常见运输机型设置机身 $l_i^{\mathrm{f}}=40\ \mathrm{m}$。航空器、车辆最大速度分别为 $v_{\max}^{\mathrm{f}}=13.8\ \mathrm{m/s}$，$v_{\max}^{\mathrm{c}}=12.5\ \mathrm{m/s}$，最小水平间隔分别为 $l_{\min}^{\mathrm{cf}}=200\ \mathrm{m}$，$l_{\min}^{\mathrm{fc}}=50\ \mathrm{m}$[63]，航空器 f_i 最小加速度和减速度为 $v_a^{\mathrm{f}}=v_d^{\mathrm{f}}=0.1\ \mathrm{m/s^2}$，$\lambda=2$，车辆 c_j 最小加速度和减速度分别为 $v_a^{\mathrm{c}}=0.1\ \mathrm{m/s^2}$，$v_d^{\mathrm{c}}=1.5\ \mathrm{m/s^2}$[136,146]，$v_i^{\mathrm{f}}(t_0)=v_j^{\mathrm{c}}(t_0)=5\ \mathrm{m/s}$，$s_j^{\mathrm{c}}(t_0)=s_i^{\mathrm{f}}(t_0)=700\ \mathrm{m}$，每次仿真时间 $t\in[0,60]\mathrm{s}$，每次增加 1 s，加速度或减速度的增量 $v'\in[0,0.5]\mathrm{m/s^2}$，每次增加 $0.02\ \mathrm{m/s^2}$，随机减速概率 $p=0.25$、0.5、0.75 分别代表激进、稳定、保守驾驶方式。为消除随机影响，将以上仿真过程重复 500 次，取平均值，得到多组仿真结果，每组 61×26 个仿真数值。

图 4-46 给出 $p=0.25$、0.5、0.75 时，车辆与航空器冲突概率 $P(t)$ 随时间 t、加速度或减速度的增量 v' 变化趋势。

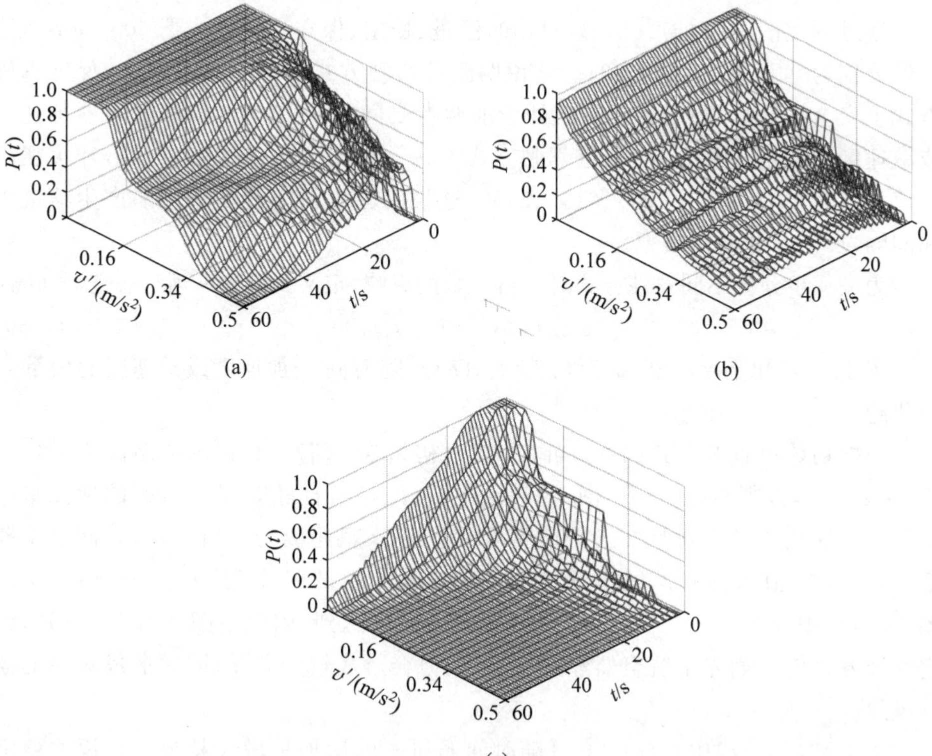

图 4-46　驾驶方式不同时车辆与航空器冲突概率变化趋势

(a) $p=0.25$；(b) $p=0.5$；(c) $p=0.75$

如图 4-46(a)所示，$p=0.25$ 时车辆随机减速概率较小，驾驶方式激进。$P(t)$ 随 v' 的增大而减小，当车辆与航空器速度变化范围较大时，两者前进时容易产生速度差，形成间隔，因此冲突概率下降。当 $v'\leqslant 0.1\ \mathrm{m/s^2}$ 时，加速度不大于 $0.2\ \mathrm{m/s^2}$，且由于 $p=0.25$ 时车辆减速频率低，航空器与车辆基本同速，前进 60 s 后仍难以产生足够的安全间隔，$P(t)$ 在 0～60 s 内均为 1。当 $v'>0.1\ \mathrm{m/s^2}$，$P(t)$ 随 t 的增加呈先增大后减小趋势，这说明车辆与航空器间隔是逐步产生的，在运行初始阶段($t<15$ s 时)间隔较小，$P(t)$ 值较大，随着 t 增加，间隔逐渐拉开，$P(t)$ 值相应下降。当 $v'>0.4\ \mathrm{m/s^2}$，$t>40$ s 时，$P(t)$ 最大值下降至 0.25，当 $t>50$ s 时，$P(t)$ 逐渐降至 0。如图 4-46(b)所示，$p=0.5$ 时，车辆加速与减速均衡。$P(t)$ 随 v' 的增大而减小，当 $t<15$ s 时，$P(t)$ 随 t 的增加缓慢减小，每秒平均下降率为 0.014；当 $t\geqslant 15$ s 时，$P(t)$ 值基本不变且均值小于 0.5，这说明驾驶方式稳定时，车辆常规减速就能满足和航空器之间的安全间隔配备。如图 4-46(c)所示，$p=0.75$ 时，车辆减速频繁，驾驶行为保守。$P(t)$ 随 v'、t 的增加而减少，这说明车辆保守驾驶特征影响下频繁减速使车辆与航空器迅速拉开距离且形成速度差，在行进时间隔和速度差均逐渐增大，因此当 $t\geqslant 20$ s，$v'\geqslant 0.12\ \mathrm{m/s^2}$ 时，$P(t)$ 约为 0。

通过对比图 4-47(a)、(b)、(c)可知，激进、稳定、保守驾驶方式下 60 s 冲突概率均值分别为 0.679、0.44、0.091。这说明激进驾驶方式下冲突概率最大，保守驾驶方式下安全性最高，稳定驾驶方式处于前两者之间。$P(t)$ 与车辆和航空器加速度或减速度的增量 v' 成反比，激进驾驶方式下，$v'=0.2$、0.3、0.5 $\mathrm{m/s^2}$ 时，冲突概率均值分别为 $v'=0$ 时的 79%、61%、54%，这说明较大的速度变化容易产生速度差和间隔，从而降低冲突概率。

为进一步分析不同驾驶方式对运行安全的影响，定义 t 时刻车辆与航空器间隔：

$$G(t)=s_j^{\mathrm{c}}(t)-s_i^{\mathrm{f}}(t) \tag{4-89}$$

图 4-47 给出 $p=0.25$、0.5、0.75 时，$G(t)$ 随时间 t、加速度或减速度的增量 v' 变化趋势。

根据初始设置及公式(4-89)可知，$G(t)$ 初始为 0，若 t 时刻车辆距离交叉口更近，$G(t)<0$，否则 $G(t)\geqslant 0$。图 4-47(a)中 $G(t)\leqslant 0$，且随时间 t 和 v' 的增加呈减小趋势。这说明激进驾驶方式使车辆不断增速，车辆距离交叉口更近，且间隔不断增大，直至峰值 367 m。但车辆在前、航空器在后的最小间隔为 200 m[63]，在图 4-47(a)中仅当 $v'>0.35\ \mathrm{m/s^2}$ 且 $t>35$ s 时可达到，因此由图 4-46(a)可知，激进驾驶方式使车辆先于航空器经过交叉口，但会形成较大间隔，同时造成较高的运行风险。

图 4-47(b)、(c)中 $G(t)>0$ 且随时间 t 和 v' 的增加呈增大趋势。这说明稳定和保守驾驶方式使车辆定期或频繁减速，距离交叉口更远。由于航空器在前、车辆在后的最小安全间隔为 50 m，且车辆减速后与航空器形成速度差，对应图 4-46(b)、(c)中的冲突概率值较小。对比图 4-47(b)、(c)可知：图 4-47(b)中的最大间隔为

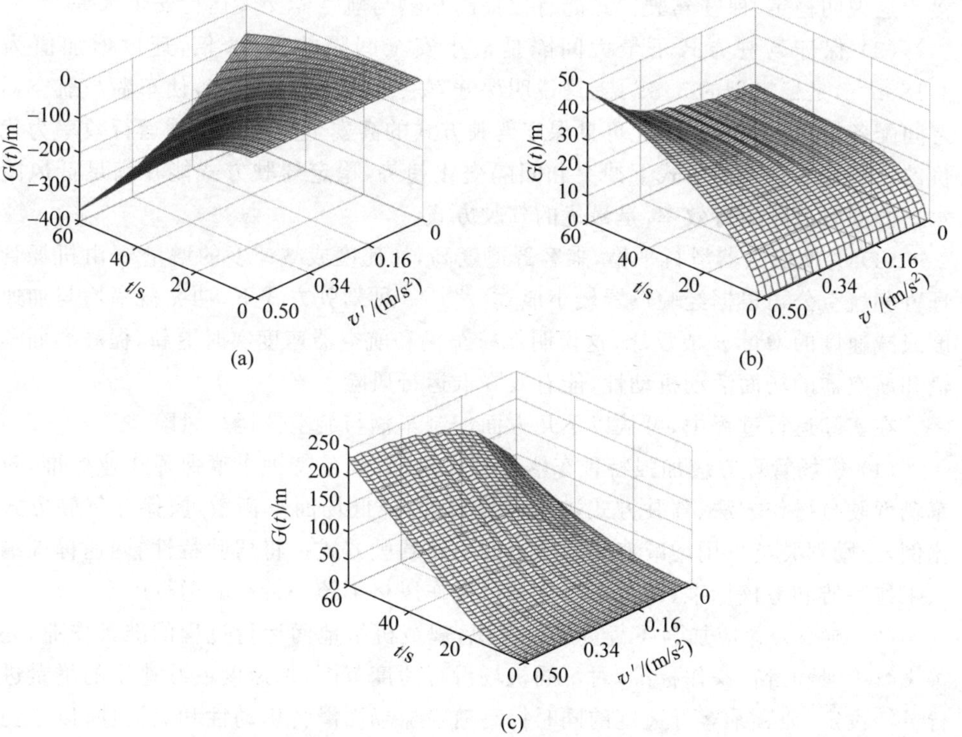

图 4-47 驾驶方式不同时车辆与航空器间隔变化趋势

(a) $p=0.25$；(b) $p=0.5$；(c) $p=0.75$

48.5 m 且车辆与航空器形成 1.7 m/s 的速度差，因此下一时刻将满足 50 m 的最小间隔；但图 4-47(c)中的最大间隔 233 m 是最小安全间隔的 4.66 倍，60 s 时两机速度差为 3.4 m/s。由此可知，稳定和保守驾驶方式均使车辆慢于航空器滑行，航空器先于车辆经过交叉口，滑行中间隔不断增大，风险不断降低，但保守驾驶方式使车辆减速过于频繁，导致间隔过大，造成不能高效利用场面资源和运行效率下降。

4.4.4 结果分析及控制措施

根据仿真结果对特种车辆与航空器冲突情况进行分析，得到以下结论：

(1) 以概率 p 量化减速频率可区别激进、稳定和保守驾驶方式，再现由于驾驶方式差异，车辆与航空器经过交叉口顺序和间隔变化。激进驾驶方式下特种车辆速度较快，先于航空器经过交叉口；稳定和保守驾驶方式导致车辆速度较慢，使航空器先经过交叉口。

(2) 由于车辆在前时的最小间隔是航空器在前时的 4 倍，车辆先行会导致交叉运行风险水平较高。激进驾驶方式下的冲突概率超过 75%的比例为 0.469，分别是保守和稳定驾驶方式下的 14.8 倍和 3.4 倍。激进驾驶方式下的风险波动幅度最大，冲突概率标准差为 0.309，分别是保守和稳定驾驶方式下的 1.5 倍和 1.37

倍。这说明稳定、保守驾驶方式能有效提高车辆与航空器交叉运行安全水平。

(3) 保守驾驶方式下最大间隔是最小安全间隔的 4.66 倍，速度增加值为 3.18 m/s，是稳定型的 5.84 倍，这说明保守驾驶方式会过度减速，使车辆与航空器之间配备了过大间隔。由此可见保守驾驶方式的高安全性是以牺牲运行效率为代价的。综合 3 种驾驶方式下冲突和间隔变化趋势，稳定驾驶方式能在满足低风险水平的同时兼顾运行效率，是最优的驾驶方式。

(4) 为使航空器滑行平稳，乘客舒适度高，加速度或减速度的增量 v' 由机场管理方和航空公司根据经验设置较小值[63,136]。3 种驾驶方式下，冲突概率均与加速度或减速度的增量 v' 成反比，这说明保持车辆和航空器速度实时更新，提高场面车辆和航空器的场面活动机动性，能有效降低运行风险。

在实际运行过程中，可从以下几方面控制车辆与航空器运行风险：

(1) 机场管理方应加强特种车辆驾驶员培训，规范特种车辆保障作业标准，对车辆驾驶员操作方法、驾驶方式进行监督管理，降低场面车辆激进、保守驾驶方式比例，鼓励驾驶员采用增减速频率适中的稳定驾驶方式。将驾驶特性、调速标准纳入工作手册和考核标准，减少由于驾驶员操作风格不统一带来的运行风险。

(2) 航空公司应加强飞行员风险意识，规范机组地面运行过程的准备作业，完善飞行手册和滑行操作标准，对不同机场滑行速度范围、加速度或减速度的增量进行灵活设定，兼顾乘客舒适度的同时提高航空器场面滑行机动性和灵活性，以避免过度强调平稳滑行，造成飞行员调速不及时，从而引发滑行冲突。

(3) 机场应加快场面监视设备的配备和应用，以确保管制员对场面冲突及时预判，管制员应及时发布指令来调整航空器或车辆的运行速度和路线，为交叉运行的车辆和航空器通报交通活动，以便两者实时掌握交通态势，避免激进驾驶方式造成运行冲突，或保守驾驶方式造成运行效率降低。

第5章

冲突多发地带划设与分级评价

机场场面冲突多发地带(hot spot,HS)划设是机场场面运行安全管理的常用手段。为防止航空器滑行中产生冲突和碰撞、飞行员滑入错误的滑行道或误入跑道,造成跑道侵入等机场运行不安全事件,应采取对机场冲突多发区域进行定位及识别、绘制机场场面危险区位置图等方法,这是对场面运行进行安全管理的重要手段。本章对如何检测机场活动区内潜在滑行冲突,如何判断在某些道口容易产生跑道侵入,通过何种方式对已划设的冲突多发地带进行管理等重要问题进行研究与讨论,这对提高机场活动区安全管理水平,提高机场运行效率和飞行安全等具有实际意义。

5.1 场面冲突多发地带概述

5.1.1 场面冲突多发地带定义

随着我国大中型机场增容扩建,活动区域结构日趋复杂,航空器场面运行中发生滑行冲突或跑道侵入的概率增大。若存在跑道或滑行道结构不合理、目视助航灯光设置不当、场面标志标识遮蔽等情况,机组容易在关键道口混淆位置和方向,这会致使航空器错误进入逆向滑行道而造成拥堵和冲突,更严重的是会造成误入跑道,引发跑道侵入。经验分析表明,活动区内的某些滑行道口或联络道节点上,发生不安全事件的概率较大,这些节点称为 HS 区域。ICAO 将已发生或有较大概率会发生滑行冲突或存在跑道侵入风险的机场活动区内的位置,定义为冲突多发地带[189],并在《航行服务程序——空中交通管理》文件中明确了冲突多发地带的含义,并要求飞行员、管制员和机场特种车辆司机须对该位置提高警觉。

通常在机场图上用圆形标记冲突多发地带位置,若范围较大或形状复杂,则采用多边形进行标记,并对冲突多发地带进行标号,如“HS1”,如图 5-1 所示。在机场航行资料中,应标记冲突多发地带位置,描述冲突多发地带产生原因、冲突类型,注明在到达冲突多发地带前应该观察或注意的方向[13,189]。

国外通常将机场活动区范围内容易迷惑、结构复杂的多个滑行道交汇处的区域,或滑行道与跑道及安全相关的临界区的交叉区域,划设为机场冲突多发地

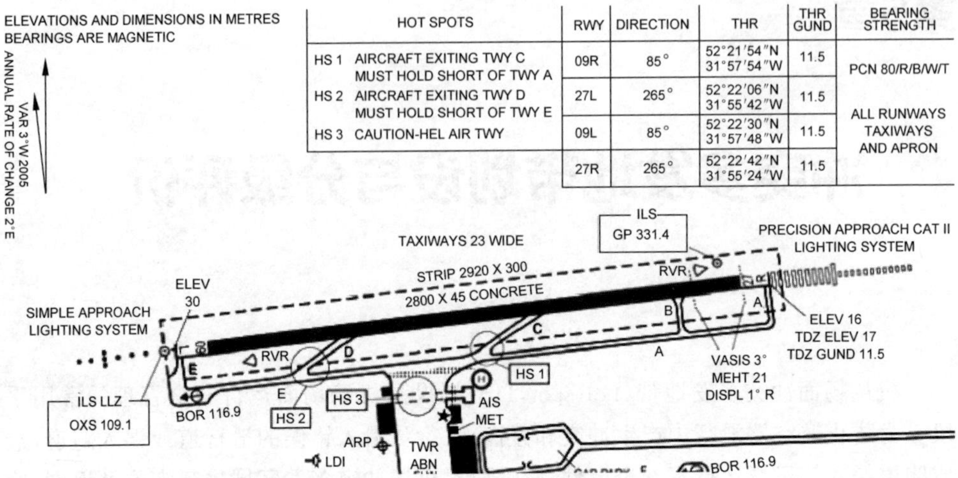

图 5-1 机场机动区冲突多发地带划设示例[189]

带[13,189]。这些区域可能已产生过冲突或碰撞事件,也可能虽未产生,但一直存在较大概率的潜在冲突。当滑行中经过这些位置时会由于混淆、观察不力等情况产生错误判断,若此时管制员未及时发现,或陆空通信受阻,则会造成滑行拥堵或滑行道堵塞,甚至可能引发航空器之间危险接近和碰撞。冲突多发地带的形成基本上是由机场场面结构复杂、场面交通流向及分布混乱、导航灯光及标志遮蔽或不到位、人为因素等多种原因导致的。

5.1.2 我国机场冲突多发地带划设现状

根据民航局的相关要求[12-13],我国大部分民航机场已将冲突多发地带划设作为日常运行及安全管理的工作环节之一,将冲突多发地带分为以下几类:

(1) 曾发生过跑道侵入事件的区域。

(2) 复杂的交叉点或者穿越跑道区域。

(3) 塔台无法看到的跑道区域以及与跑道相连的滑行道。

(4) 其他可能导致地面车辆和人员跑道侵入风险增加的区域。

根据冲突多发地带的管理要求,需将冲突多发地带的位置及形成原因在机场资料图中进行标注和说明[13,70]。图 5-2 给出我国规定的冲突多发地带的标识方式和应说明的内容。

虽然上述方法已开始应用,但由于缺乏对冲突多发地带概念的深入理解和对其管理步骤的规划和实施,仍采取较为单一和落后的方法来识别冲突多发地带,划设等级,缺乏管理程序。目前,各机场及空管运行部门识别冲突多发地带的主要方法是"主观"识别法,调查在机场活动区内工作的各类人员的作业经验,即对空管塔台管制员、机坪管制员、航空器驾驶员与内场车辆司机等进行问卷调查、访谈,调查

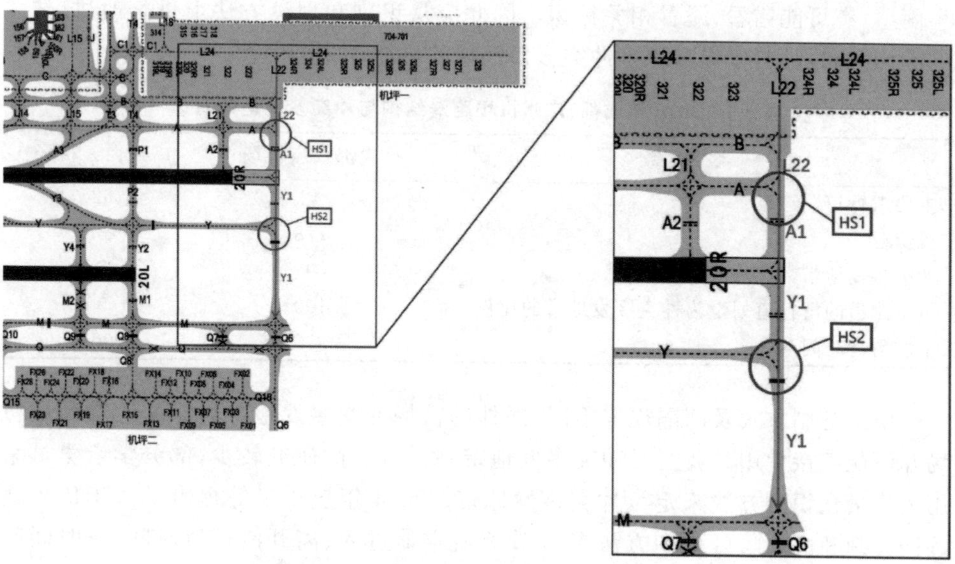

图 5-2　标有冲突多发地带位置和描述的机场平面图示例

统计工作中发现或者主观判断有可能存在的冲突位置，汇总多方经验及意见，形成冲突多发地带识别结果[8,16,87,189]。但在实践中发现，主观调查法难以得到客观的、科学的结论，这是因为调查走访的参与人员组成复杂，处于运行各层次阶段，这导致主观意见有较强的片面性和随意性[190-191]，并且当产生认识偏差时，常以多数派意见为主，难以得到真实结论。特别在最终意见汇总时，高资历的参与者在讨论时会对其他人产生影响，难以得到公正的结论。而且由于各个机场跑道、滑行道结构、运行方式不同，各个机场、相关管制单位通过开会研讨等主观方式确定的冲突多发地带在形成原因、划设位置和预防目的方面都有很大差异[192]，这导致部分机场冲突多发地带划设位置及形成原因的正确性时常受到质疑。同时，由于划设标准及防范目标不同，在不同机场场面滑行时飞行员对到达冲突多发地带区域的操作也容易产生混淆和困惑[8]，因此无法达到预期效果。

如表 5-1 所示，广州白云机场、成都双流机场划设的冲突多发地带区域范围及目的有很大差异。广州白云机场主要滑行道有 56 条，是成都双流机场的 1.4 倍，由于东西站坪距离较远，多条滑行道设置单向运行，广州白云机场平均滑行时间为 1003 s，是成都双流机场的 1.36 倍。但跑滑结构复杂，滑行时间较长的广州白云机场仅划设 7 个冲突多发地带，小于成都双流机场的数量。通过对比可知，成都双流机场划设的区域范围较大，与跑道相连接的 7 个滑行道均标识为冲突多发地带，而广州白云机场则不同，与跑道相连接的 12 个滑行道均未标识为冲突多发地带。通过进一步分析两机场冲突多发地带形成原因可知，广州白云机场划设目的在于防止航空器滑行冲突，成都双流机场划设目的在于防止跑道侵入。由此可见，我国机场机动区冲突多发地带识别缺乏统一标准，这会使机组在不同机场场面滑行时产生困惑,有可能错看、漏看相关标识。因此应从识别和划设方法上进行改进,统一划设标准和规则,以提高识别冲突多发区域的可靠性和可信性。

表 5-1 2016 年成都、广州机场跑滑结构与冲突多发地带对比

参数	成都双流机场	广州白云机场
主要滑行道/条	42	62
机位/个	178	183
冲突多发地带数/个	9	7
进出跑道的滑行道划设为冲突多发地带的比例/%	100	0
平均滑行时间/s	832	1003

由于管制方式及间隔规定不同,国外的机场冲突多发地带划设方法在我国机场并不能直接使用。我国对冲突多发地带划设方法的研究较少,部分学者尝试采用风险量化识别方法来定位冲突多发地带。2014 年夏正洪等提出了基于历史轨迹冲突判断的危险区识别方法[190],计算航空器进入、离开滑行道时间,以时间间隔判断是否产生运行危险。2015 年罗小林提出了基于轨迹时空交叠度的冲突判断方法[191],计算同一条滑行道上两架航空器的最小距离、时间间隔,判断是否产生冲突,将冲突比例较大的位置定义为危险区。2016 年邱文彬分析了航空器滑行中速度变化规律[192],计算非正常滑行比例,并利用该比例指标对危险源进行分类。以上方法能判断冲突位置,量化冲突产生频率,是现有冲突多发地带识别及划设方法的有效补充。

但目前这些方法还存在以下问题:①仅从位置、进入离开时间等基本参数分析冲突,没有具体根据不同运行过程、运动趋势构造冲突识别模型;②仅考虑了多机冲突造成的航空器急减速情况,而未考虑单机混淆等情况造成的滑行异常;③仅从冲突比例一个维度对危险源进行分类,无法量化危险源危险程度。

基于以上分析,第 5 章基于历史场面运行轨迹,构造滑行畸态判断方法,识别单机运行危险源,计算异常度,并构造同向、逆向、交叉 3 种滑行潜在冲突判断及冲突概率计算模型,识别并量化运行潜在冲突,采用 k-means 方法,基于异常度、危险度、发生频次等多个指标对危险源进行聚类,并引入空管安全评估中风险矩阵对危险源进行分级分类,最终形成机场冲突多发地带位置和分级。

5.1.3 冲突多发地带管理程序存在的问题

目前机场活动区冲突多发地带识别及管理过程存在以下问题:

1) 冲突多发地带识别及划设方法单一

冲突多发地带定位及范围的确定往往仅基于经验调查统计、组织汇总,从而得出意见。一些已经发生过跑道侵入或者滑行冲突的联络道、交叉口容易被识别,但更多的存在安全风险隐患的位置难以被发现。例如在以往运行中出现通过紧急制动、调整方向、管制员多次重复指令等方法进行避让的事故征候多发位置不容易被

准确识别的情况。虽然可通过调查问卷或者研讨会等方式进行讨论,但由于专家调查中参与人员层次和水平参差不齐,主观性、随意性太强,使得冲突多发地带划设的先验作用无法体现出来。其次,这种方式仅能定性地分析给出冲突多发地带位置、范围,缺乏量化分析,无法确定冲突多发地带的风险类型及危险程度,无法对滑行潜在冲突发生概率、冲突危险性等重要指标给出定量分析。

2) 缺乏有效的冲突多发地带管理程序

我国民航局对机场活动区冲突多发地带图绘制及更新有明确规定。首先,必须在机场当地绘制冲突多发地带图;其次,应在当地发放冲突多发地带图,并在航行资料汇编(aeronautical information publication,AIP)中公布冲突多发地带位置[13];再次,应对冲突多发地带图的准确性进行定期核查,若位置产生变化,须及时对冲突多发地带图进行修订和更新。冲突多发地带位置确认后,应采取一些策略来排除危险,若无法即刻消除该隐患,应对冲突多发地带进行风险缓解管理,以降低危险程度和发生概率。

如图 5-3 所示,进行风险缓解并及时更新信息,形成一个完整的功能闭环[12-13]。而由于缺乏高效的识别方法和工具,目前我国机场冲突多发地带识别结果相对固定,冲突多发地带更新不及时,不能灵活适应机场运行需求来进行变更,冲突多发地带划设更新程序仅在机场跑道、滑行道结构产生较大变化时启动。但在实际运行中,部分活动区冲突多发地带有可能随滑行道运行方向、管制规则的变化而变化,很可能会有旧冲突多发地带消失或者新冲突多发地带产生的情况,或者冲突多发地带形成原因产生变化的情况[13,69]。因此应建立机场活动区冲突多发地带定期更新、发布机制,建立健全机场冲突多发地带管理程序。

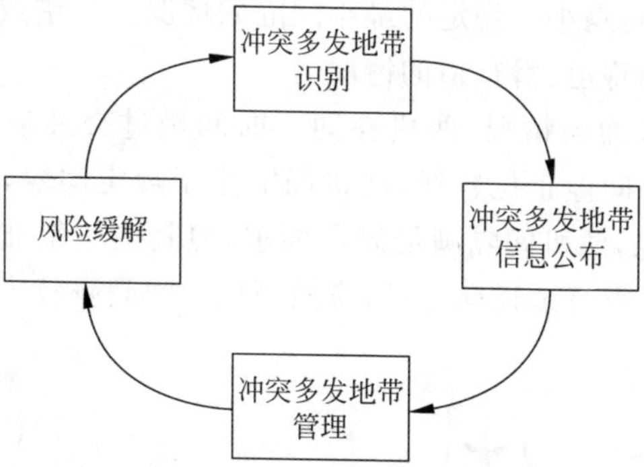

图 5-3 机场活动区冲突多发地带管理程序

对冲突多发地带识别及划设问题进行重构,如图 5-4 所示,可通过收集机场场面运行数据,判断航空器滑行、移动位置,形成航空器地面运行的轨迹来进行。对轨迹数据进行分析对比,设计计算机辅助识别机场活动区冲突多发地带的方法,并通过专家评估意见,调查、走访一线管制员、飞行员的调研结果等,修正机场冲突多发地带区域的范围,并确定划设标准。

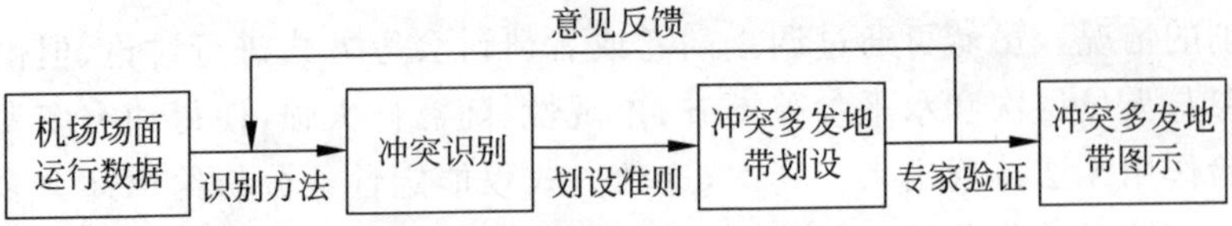

图 5-4 机场冲突多发地带识别及划设过程

由于监视数据具有更新周期快、定位精度高等特点，且包含丰富航行信息，国外大型机场在安全管理时多以场面监视数据作为防范机场不安全事件的重要信息来源[50]。可考虑以场面监视数据作为运行数据输入。对于并未安装场面监视设备的机场，可利用第 3 章的方法来构建仿真运行程序，将得到的仿真运行数据作为输入。在划设冲突多发地带的同时，可利用运行数据来分析引发冲突的航空器序列，包括总冲突的架次和冲突持续总时间。统计冲突多发地带的日变化规律，即统计各时间片中冲突多发地带产生的频率和冲突概率，以此评估冲突多发地带风险等级和危险程度，并深入分析冲突多发地带的形成原因。由此解决机场冲突多发地带识别及管理中无法量化风险指标及灵活更新等问题。

5.2 冲突多发地带识别方法

5.2.1 冲突多发地带识别方法构造

机场活动区冲突多发地带形成的主要原因是：部分联络道或者交叉口位置特殊，容易引起目视观察不当或者辨认混淆和产生滑行冲突或者滑错、跑道侵入。通过进一步分析可知，滑行冲突是指，两架或两架以上航空器处于同向、逆向及交叉运行时，航空器之间间隔小于规定的最小间隔的情况。滑错或者跑道侵入是指，航空器误入用于起降的跑道、滑行道的情况。

图 5-5(a)为滑行冲突情况，两机在同一时间经过交叉道口，且均未观察到对方，继续滑行，经过中间停止位置线，两机间隔小于规定间隔，从而造成滑行冲突。图 5-5(b)为滑错情况，两机间隔满足规定要求，但其中一架航空器转弯方向错误，从而形成滑行中同一滑行道逆向运行，虽然两机之间间隔较大，但此时两机已形成对头，无法继续滑行。

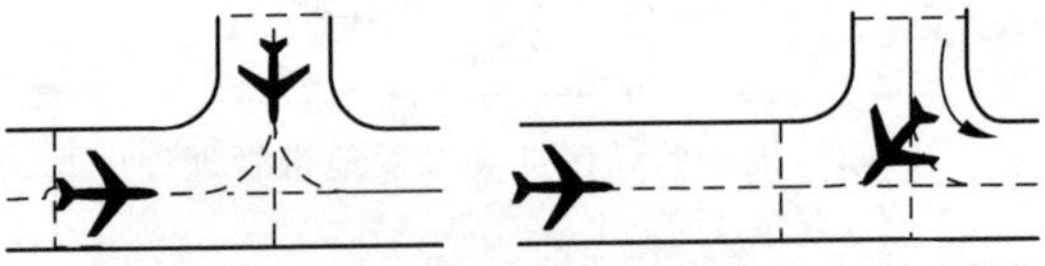

(a)　　(b)

图 5-5 滑行冲突及滑错示意图

(a) 滑行冲突；(b) 滑错

可将冲突多发地带的出现分为 3 种情况：

(1) 两架或两架以上航空器，按照正确的滑行路径滑行，但由于未及时减速或在规定位置等待，两架航空器之间的水平间隔小于最小间隔或接近最小间隔。

（2）两架或两架以上航空器，按照正确的滑行路径滑行，其中一架紧急制动，以避免两架航空器之间水平间隔小于最小间隔。

（3）单架航空器未按照规定路径滑行，滑错滑行道或误入跑道。

图 5-6 给出不同情况下的冲突多发地带识别处理流程，对单机滑错、多机冲突或潜在冲突 3 种情况分别讨论。对一段时间内机场场面的航空器运动轨迹数据进行分析处理，提取运行轨迹中航空器位置变化，形成滑行路径。计算航空器进入或离开各个滑行道、联络道的时间，判断是否存在多个航空器同时进入同一滑行道的情况，判断这些航空器的滑行速度、间隔、减速度，确认是否存在冲突，若存在冲突，则记录该冲突，否则计算冲突概率与最小间隔，量化潜在冲突的危险程度。同时遍历每架航空器的滑行轨迹，计算单位时间内位移偏差变化量，若产生较大的减速

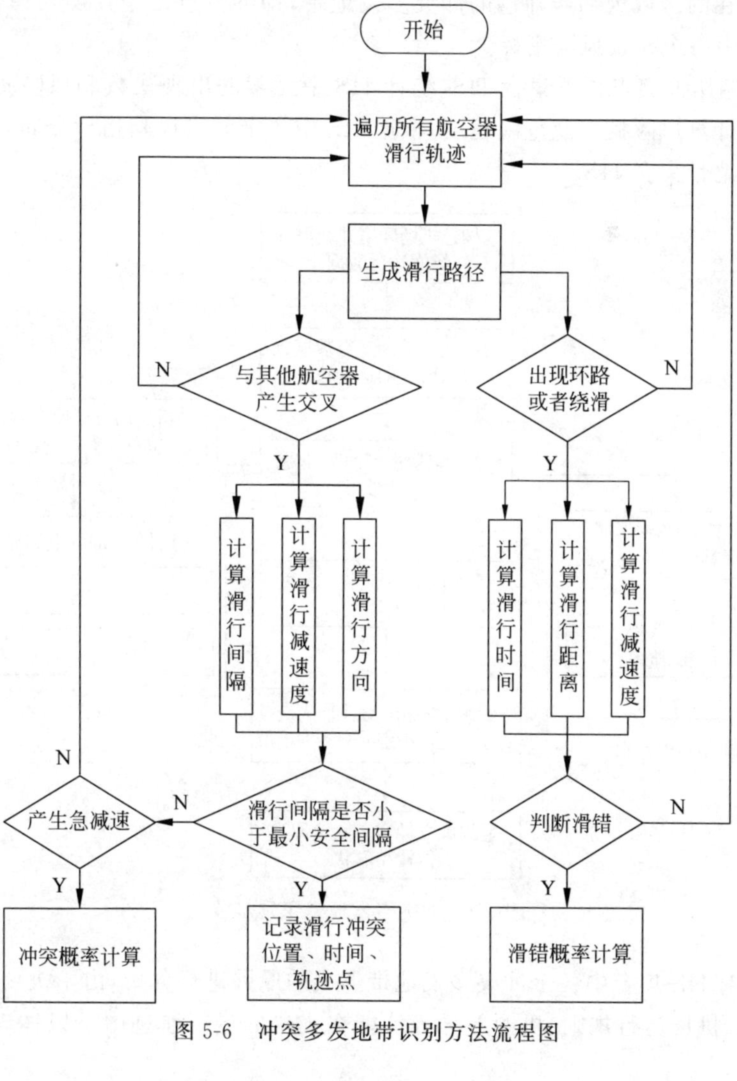

图 5-6 冲突多发地带识别方法流程图

度、方向变化,则计算航空器滑行位置及滑行路径,判断是否存在滑错情况。若存在滑错情况,则对航空器在该位置发生的减速、制动、改变方向或等待时间进行分析,用于计算飞行员产生疑问或混淆的概率。

5.2.2 冲突多发地带识别步骤

计算机辅助机场冲突多发地带识别及划设的方案,如图 5-7 所示,该方案的划设分为以下几个步骤。

(1) 获取并处理不同类型的轨迹数据,对轨迹进行过滤以得到活动区内航空器运行航迹,生成滑行路线,记录滑行过程及起止时刻。

(2) 初次定量识别冲突点,依次遍历各个滑行道上各个航空器运行航迹中速度、位置、间隔等重要参数变化曲线,找出速度、位置、间隔变化中的非正常状态。该状态所在的区域为初步筛选的冲突多发地带,即冲突点。令其加入集合 HS,并计算 HS 中每个元素风险指标。

(3) 遍历冲突点位置集合 HS,统计 HS 中元素的出现次数和风险指标,建立数学模型计算风险概率及危险程度,根据 HS 中各个元素风险指标分布,二次筛选冲突多发地带集合 HS。

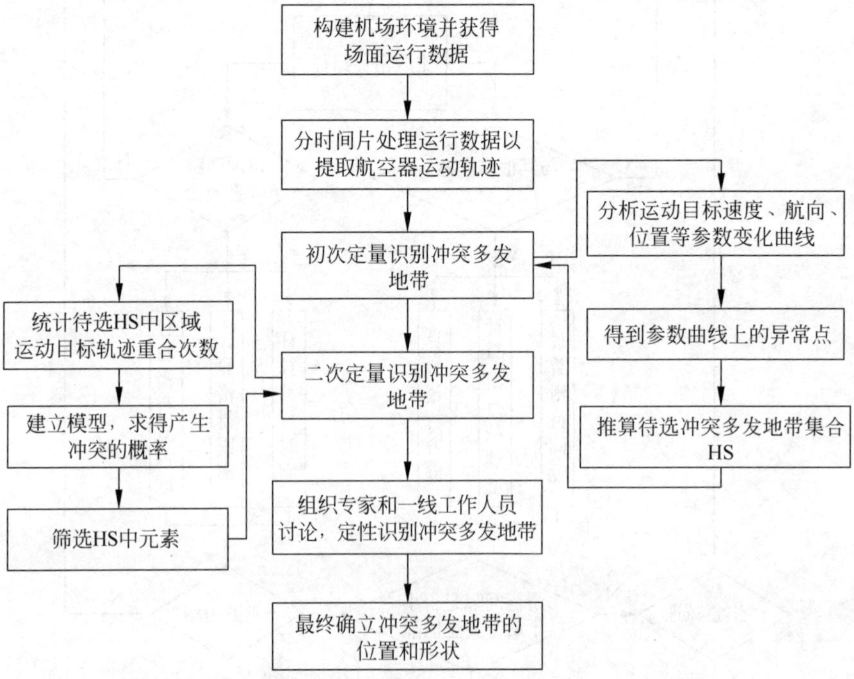

图 5-7 冲突多发地带识别步骤

(4) 对 HS 集合中各个冲突多发地带形成的原因进行分析,由于机场管制员的管制过程、机场运行规则、机型差异等均能在飞机的运行航迹中予以体现,因此可通过分析轨迹预判机场布局、管制规则等各因素的影响。

(5)对识别及划设结果进行人工审查及修正,组织管制员、航空器及内场车辆驾驶员等人员、专家来进行审核对比,对现有的冲突多发地带划设方案进行判断和修订。

5.2.3 航空器滑行轨迹处理

如图5-8所示,获取机场场面运行数据文件的一条记录,如果该点迹属于车辆,则被过滤,否则遍历航迹存储器找到与此点迹包含同样唯一标识的航空器,并将该条记录中的点迹数据加入此航空器的轨迹序列中来形成航迹,若没有,则将该点迹信息作为航空器初始点进行保存。遍历结束后航迹存储器中保存了以唯一标识命名的且航迹按照时间排序的航空器序列。通过以上步骤可以得到航空器场面运行轨迹,轨迹可以是历史航迹,也可以是仿真航迹。

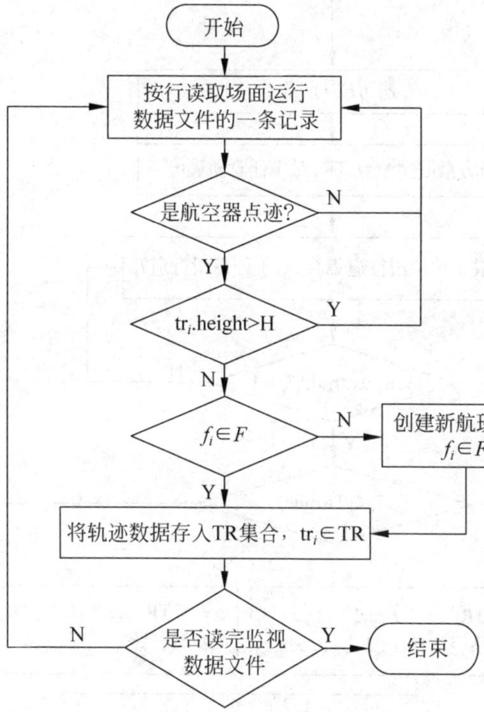

图5-8 场面运行数据预处理流程图

利用航迹数据为 f_i 的各元素赋值,为确定航空器起降类型,通过定义航空器在跑道 R_n 上飞行高度差 $\Delta h_{i,R_n}$:

$$\Delta h_{i,R_n} = f_i.\mathrm{tr}_k.\mathrm{height} - f_i.\mathrm{tr}_{k+N}.\mathrm{height} \tag{5-1}$$

定义轨迹处于跑道范围,速度大于 $v_{\max}^{\mathrm{T}}$,且连续满足以上条件的点的个数大于 N 的时刻为起飞时刻 t_{takeoff}。同样,将处于跑道范围内,速度小于等于 $v_{\max}^{\mathrm{T}}$,且连续满足以上条件的点的个数大于 N 的时刻为降落时刻 t_{land}。

$$若\prod_{k=1}^{N}G(\mathrm{tr}_{j+k}.\mathrm{d}x,\mathrm{tr}_{j+k}.\mathrm{d}y,R_n)=1,\min(\mathrm{tr}_{j+1}.v,\cdots,\mathrm{tr}_{j+N}.v)\geqslant v_{\max}^{\mathrm{T}},则\ f_i.t_{\mathrm{takeoff}}=\mathrm{tr}_{j+1}.t \tag{5-2}$$

$$若\prod_{k=1}^{N}G(\mathrm{tr}_{j+k}.\mathrm{d}x,\mathrm{tr}_{j+k}.\mathrm{d}y,R_n)=1,\min(\mathrm{tr}_{j+1}.v,\cdots,\mathrm{tr}_{j+N}.v)\leqslant v_{\max}^{\mathrm{T}},则\ f_i.t_{\mathrm{land}}=\mathrm{tr}_{j+1}.t \tag{5-3}$$

5.2.4 滑行路径生成算法

图 5-9 给出滑行路径处理算法，利用 $G(\mathrm{d}x,\mathrm{d}y,g)$ 函数判别航空器轨迹是否

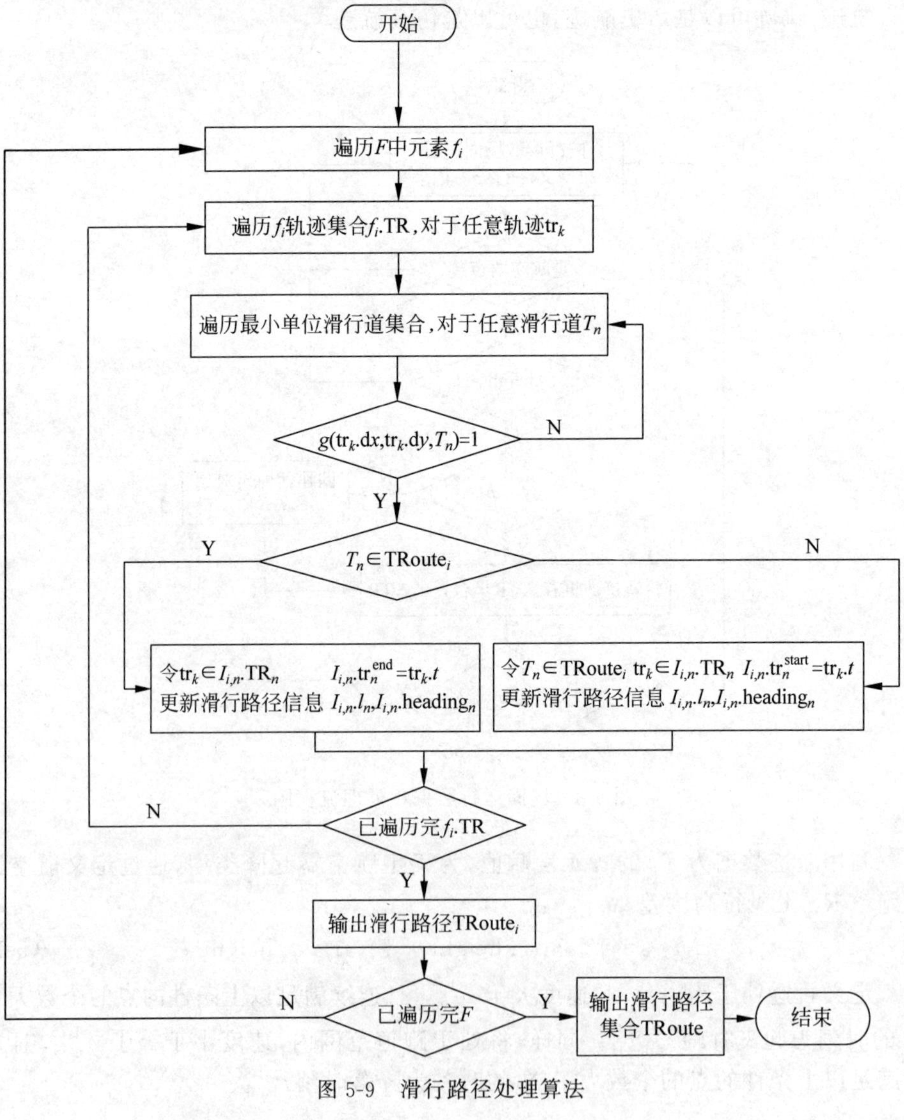

图 5-9 滑行路径处理算法

位于滑行道，并判断进入、离开滑行道的关键点，形成以最小单位滑行道组成的滑行路径，该路径及航空器进入、离开最小单位滑行道的时间信息等可用于分析场面航空器滑行冲突，为识别机场运行冲突点提供数据支持。如图 5-9 所示，滑行路径处理算法的具体步骤如下。

步骤 1：遍历 F 中各个元素 f_i，初始设置 $f_i.t_{\text{takeoff}}=0$，$f_i.t_{\text{land}}=0$，$n=0$。转步骤 2。

步骤 2：按照时间顺序遍历 f_i 轨迹集合 $f_i.\text{TR}$，记录 f_i 在跑道 R_n 上的第一个点 $f_j.\text{tr}_k$ 和最后一个点 $f_i.\text{tr}_{k+N}$。设 ΔH 为起降高度差门限值，若 $\Delta h_{i,R_n} > \Delta H$，转步骤 3。若 $\Delta h_{i,R_n} \leqslant -1\times\Delta H$，转步骤 4。否则转步骤 5。

步骤 3：令 $f_i.\text{type}=\text{DEP}$，遍历轨迹集合 $\{\text{tr}_k,\text{tr}_{k+1},\cdots,\text{tr}_{k+N}\}$。若满足式(5-2)，则为 $f_i.t_{\text{takeoff}}$ 赋值。转步骤 6。

步骤 4：令 $f_i.\text{type}=\text{ARR}$，遍历轨迹集合 $\{\text{tr}_k,\text{tr}_{k+1},\cdots,\text{tr}_{k+N}\}$。若满足式(5-3)，则为 $f_i.t_{\text{land}}$ 赋值。转步骤 6。

步骤 5：令 $f_i.\text{type}=\text{TAXI}$，令 $R_n\in\text{TRoute}$。

步骤 6：重复步骤 2～步骤 4，直到遍历完 F 的所有航班。

5.3　基于聚类分析的 HS 分类方法

通过 5.2 节描述的算法可判断航空器在机场场面滑行时运动状态异常点位置和多架航空器之间滑行具有潜在冲突点位置，形成冲突点集合 HS，还能量化集合 HS 中各个元素滑行异常度和冲突概率、冲突时间等关键指标，完成初次定量识别过程。但 HS 中的各个元素仅能看作机场运行冲突点，并不能看作冲突多发地带，因此本节利用聚类分析方法对 HS 元素进行合并及分类，形成新的集合 HS。

5.3.1　HS 合并算法

遍历集合 HS 中的各项元素，依次计算各个冲突点位置的距离差，对小于等于距离门限的冲突点进行数据合并，生成新的位置离散的冲突点集合。

令 $D((\mathrm{d}x,\mathrm{d}y),(\mathrm{d}x',\mathrm{d}y'))$ 为两个位置点距离，输出结果单位为 m，若任意两个冲突点满足

$$\forall\, \text{hs}_i,\text{hs}_j \in \text{HS},\quad \begin{cases} D((\text{hs}_i.\mathrm{d}x,\text{hs}_i.\mathrm{d}y),(\text{hs}_j.\mathrm{d}x,\text{hs}_j.\mathrm{d}y)) < \Delta d \\ \text{hs}_i.T_k = \text{hs}_j.T_k \end{cases} \tag{5-4}$$

则这两个冲突点可以合并，并修改参数 hs_j，如下式所示，令 $\text{HS}=\text{HS}-\{\text{hs}_i\}$。

$$\begin{cases} \text{hs}_j.\text{d}x = \dfrac{\text{hs}_j.\text{d}x \times (\text{num}(\text{hs}_j.F_{\text{ab}}) + \text{num}(\text{hs}_j.F_{\text{cf}})) + \text{hs}_i.\text{d}x}{(\text{num}(\text{hs}_j.F_{\text{ab}}) + \text{num}(\text{hs}_j.F_{\text{cf}})) + 1} \\ \text{hs}_j.\text{d}y = \dfrac{\text{hs}_j.\text{d}y \times (\text{num}(\text{hs}_j.F_{\text{ab}}) + \text{num}(\text{hs}_j.F_{\text{cf}})) + \text{hs}_i.\text{d}y}{(\text{num}(\text{hs}_j.F_{\text{ab}}) + \text{num}(\text{hs}_j.F_{\text{cf}})) + 1} \\ \text{hs}_j.F_{\text{ab}} = \text{hs}_j.F_{\text{ab}} \cup \text{hs}_i.F_{\text{ab}}, \quad \text{hs}_j.F_{\text{cf}} = \text{hs}_j.F_{\text{cf}} \cup \text{hs}_i.F_{\text{cf}} \\ \text{hs}_j.\gamma_{\max} = \max(\text{hs}_j.\gamma_{\max}, \text{hs}_i.\gamma_{\max}), \quad \text{hs}_j.p_{\max} = \max(\text{hs}_j.p_{\max}, \text{hs}_i.p_{\max}) \end{cases} \tag{5-5}$$

5.3.2 HS 聚类分级

由于各个机场跑道、滑行道结构不同，交通流量不同，各个机场识别冲突多发地带的分级或分类参数应能根据冲突点集合中各参数分布灵活变化。聚类分析是数据挖掘的常用方法，k-means 算法是将样本聚类成 k 个簇(cluster)，通过样本数据特征值的分布特征对样本进行合理分类。

根据 5.2 节的方法，可分别识别出航空器滑行异常点和潜在冲突点，从而形成备选冲突多发地带。可将冲突点元素描述为 $\text{hs}_i = \{\text{d}x, \text{d}y, F_{\text{taxi}}, F_{\text{ab}}, F_{\text{cf}}, \gamma_{\max}, p_{\max}, T_k\}$。虽然 k-means 聚类算法可对样本 x_i 具有的 m 个不同或者相同的特征指标在标准化后进行度量和分类，但根据《民用航空空中交通管理运行单位安全管理规则》[12]、《民航空中交通管理安全评估管理办法》[193]，风险分析是指从危险的后果严重程度和发生频率两方面入手，形成风险矩阵，综合评价风险大小，并确定其是否可接受的过程。

将已识别的冲突点元素的各个特征值分为可能性和严重程度两种，分别采用 k-means 算法在两个层面进行量化和分类。基于聚类分析的冲突点分类分级方法的描述如下：

$\text{hs}_i = \{\text{d}x, \text{d}y, F_{\text{taxi}}, F_{\text{ab}}, F_{\text{cf}}, \gamma_{\max}, p_{\max}, T_k\}$，对 HS 中各个样本特征值进行分类计算：

$$\eta_{\text{ab}} = \frac{F_{\text{ab}}}{F_{\text{taxi}}}, \quad \eta_{\text{cf}} = \frac{F_{\text{cf}}}{F_{\text{taxi}}}, \quad \text{令 } \text{hs}'_i = \{(\eta_{\text{ab}}, \eta_{\text{cf}}), (\gamma_{\max}, p_{\max}), T_k\} \tag{5-6}$$

其中，特征$(\eta_{\text{ab}}, \eta_{\text{cf}})$表示滑行异常及冲突出现的频率，$(\gamma_{\max}, p_{\max})$表示最大滑行异常程度及最大冲突概率。

对$(\eta_{\text{ab}}, \eta_{\text{cf}})$，$(\gamma_{\max}, p_{\max})$分别用 k-means 算法计算分类。设 HS 中样本有 m 个，随机选取 4 个聚类质心点 μ_1、μ_2、μ_3、μ_4，重复下列过程：

对每个样本 hs'_i，计算 $\text{hs}'_i.(\eta_{\text{ab}}, \eta_{\text{cf}})$应属于的类：

$$c^{(i)} = \underset{j}{\text{argmin}} \| \text{hs}'_i.(\eta_{\text{ab}}, \eta_{\text{cf}}) - \mu_j \|^2 \tag{5-7}$$

更新 j 个聚类质心点：

$$\mu_j = \frac{\sum_{i=1}^{m} 1\{c^{(i)} = j\} \mathrm{hs}'_i.(\eta_{\mathrm{ab}}, \eta_{\mathrm{cf}})}{\sum_{i=1}^{m} 1\{c^{(i)} = j\}} \tag{5-8}$$

直到畸变函数收敛：

$$J(c, \mu) = \sum_{i=1}^{m} \| \mathrm{hs}'_i.(\eta_{\mathrm{ab}}, \eta_{\mathrm{cf}}) - \mu_{c^{(i)}} \|^2 \tag{5-9}$$

对 $\mathrm{hs}'_i.(\gamma_{\max}, p_{\max})$ 分类的计算方法同上。

5.4 实例验证及数据分析

以中南某枢纽机场 2012 年 12 月 10 日—15 日内的 12 010 685 个场面监视雷达轨迹为输入，验证冲突多发地带识别划设方法。该机场跑道构型为平行跑道(02R/20L、02L/20R)，间距为 2200 m，运行方式为独立平行离场/相关平行仪表进近。6 天内总起降 5820 架次，跑道运行峰值为 62 架次/h。其中 2 天使用 20 方向运行，其余时间均使用 02 方向运行。

5.4.1 滑行轨迹处理方法验证

利用本章方法对滑行轨迹进行异常判断和冲突识别，形成 HS 集合。图 5-10(a)给出该机场跑滑结构及部分滑行轨迹，黄色、绿色分别为进场、离场滑行轨迹，图 5-10(b)为降落航班 CSN3764 着陆后滑行 1588 s 到达廊桥机位的滑行轨迹，

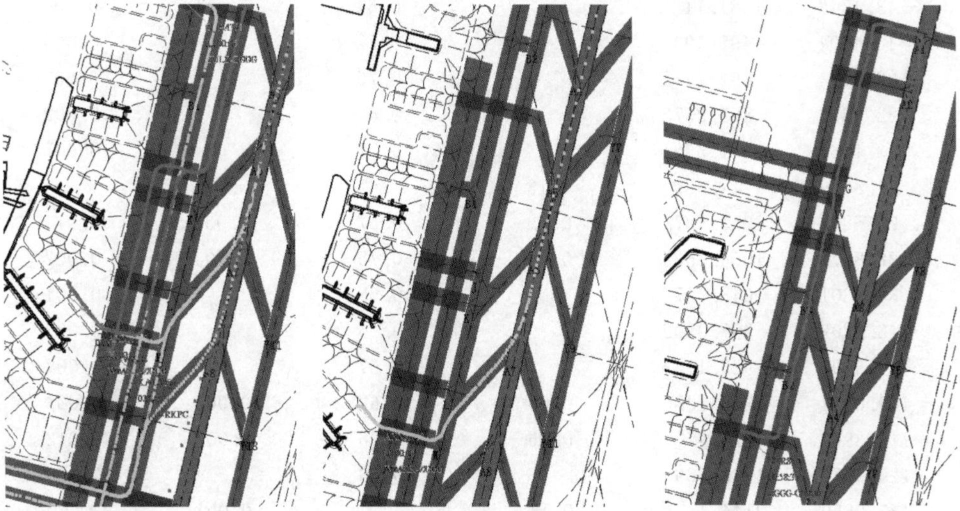

(a) (b) (c)

彩图 5-10

图 5-10 部分滑行轨迹

(a) 多架次航空器进离场滑行轨迹；(b) 单架次航空器进场滑行轨迹；(c) 单架次航空器离场滑行轨迹

图 5-10(c)为起飞航班 CCA4318 从机位推出后滑行 1718 s 至 20R 跑道起飞的轨迹。

5.4.2 冲突识别及特征计算

利用实际轨迹和滑行冲突判断方法得到 HS 集合中各冲突点的位置。根据统计，HS 集合中包含元素 329 个，利用 5.3.1 节算法，将相同位置的冲突点元素合并，合并后 HS 元素为 64 个。各个备选冲突多发地带各元素特征值如表 5-2 所示，其中位置用相对坐标表示，(0,0)点为 02L 跑道入口处。η_{ab}、η_{cf}、γ_{max}、p_{max} 根据某日 24 h 运行数据计算得到。

表 5-2 冲突多发地带备选元素属性数据

pos. x	pos. y	γ_{max}	p_{max}	η_{ab}	η_{cf}
−189.0413	112.766		0.6		0.007
−188.6937	1114.017		0.56		0.009
−174.1423	592.291	0.16		0.001	
−170.1102	985.7931		0.64		0.007
−166.7652	275.1251	0.07	0.59	0.003	0.009
−159.8306	46.9468		0.6		0.001
−154.3973	897.8854	0.12		0.002	
−151.7792	897.3231		0.56		0.004
−100.5039	1091.069	0.11		0.003	
−95.4758	565.7918		0.57		0.004
−81.1646	58.8349		0.62		0.012
−43.4748	1481.11		0.67		0.006
−40.4404	495.494		0.77		0.006
−22.918	862.1471		0.76		0.008
−22.6313	862.2375		0.6		0.002
3.1865	861.5551		0.77		0.007
21.8026	1741.089	0.13		0.001	
26.5803	1055.487	0.12	0.57	0.008	0.014
28.867	1056.4535	0.07	0.75	0.004	0.007
33.3301	1048.027		0.58		0.001
43.9209	997.9592		0.76		0.003
66.9991	1923.114		0.67		0.007
109.0894	1388.138	0.05	0.62	0.005	0.008
112.3963	1276.47	0.06	0.56	0.007	0.012
120.0976	1363.669		0.66		0.009
125.2559	2144.1	0.11		0.001	
140.3638	1509.3187	0.12	0.68	0.007	0.012
160.4741	1463.883	0.06	0.65	0.001	0.013

续表

pos. x	pos. y	γ_{max}	p_{max}	η_{ab}	η_{cf}
236.6169	2143.38	0.11	0.78	0.004	0.004
441.3946	3070.655		0.72		0.011
461.41	3169.8127	0.18	0.56	0.001	0.009
573.8455	3122.864	0.15		0.006	
−2040.595	143.3289	0.16	0.63	0.002	0.006
−1983.357	353.84275	0.13	0.71	0.003	0.006
−1685.2133	660.3197	0.13	0.79	0.005	0.013
−1681.811	659.9092		0.52		0.006
−1648.39	1310.645		0.57		0.005
−1608.32	1860.61	0.06	0.8	0.008	0.01
−1601.1335	1836.407	0.2		0.001	
−1600.476	1840.6725		0.53		0.012
−1594.9235	1921.4635	0.15	0.56	0.003	0.008
−1585.705	1250.878		0.68		0.006
−1577.783	1976.153		0.66		0.012
−1556.52	2166.797		0.5		0.011
−1523.118	1833.536	0.05		0.003	0.003
−1519.613	1838.313		0.57		0.001
−1487.297	1442.057	0.09		0.003	
−1463.375	1783.252	0.06		0.002	
−1434.311	1818.522	0.09		0.001	
−1402.734	1940.189		0.59		0.006
−1083.605	3568.5765	0.13	0.62	0.006	0.006
−1068.91	3550.722	0.13	0.89	0.009	0.015
−412.6447	234.0345		0.59		0.006
−406.241	232.2949	0.14	0.58	0.007	0.01
−352.7593	353.6109		0.8		0.003
−333.6733	356.9097		0.75		0.009
−296.7193	177.5239		0.65		0.011
−259.3701	625.064	0.06		0.001	
−255.2755	651.9425		0.57		0.009
−248.1198	673.0286		0.61		0.009
−224.5334	604.9496		0.73		0.011
−220.5666	784.4055	0.07		0.002	
−192.8358	1117.563		0.71		0.002
814.4366	3703.8763	0.14		0.001	

由表5-2可知：在HS的64个冲突点中仅有10个 $\eta_{cf}=0$，这说明大部分航空器滑行异常是由为避免冲突紧急制动导致的；滑错或者对跑滑结构不熟悉导致的航空器滑行异常仅占20%，这说明该机场场面运行风险的主要原因是航空器滑行潜在冲突。图5-11给出存在潜在冲突的51个冲突多发地带备选元素位置。

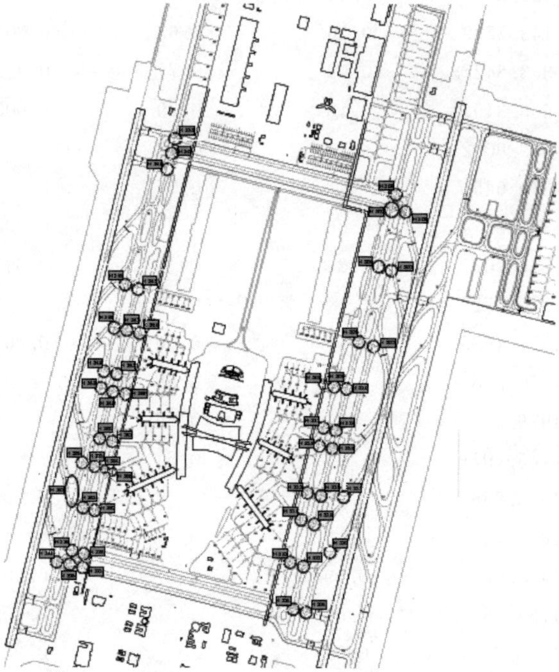

图5-11 合并后HS中冲突多发地带备选元素位置

由图5-11可知，利用位置合并后机场运行冲突点过多，航空器滑行使用比例较大的联络道、滑行道交叉口基本均被标记为冲突多发地带，虽然这些点存在潜在冲突，但是将这些点都划设为冲突多发地带，会造成滑行过程中断或者过多减速，导致运行效率降低。更严重的是，太多冲突多发地带会分散管制员、飞行员注意力，反而容易造成运行安全隐患。因此需要对冲突多发地带备选元素进行分类分级，量化其发生频率和严重性，将满足一定条件的元素划设为冲突多发地带。

5.4.3 冲突发生概率和严重度评估

利用5.3.2节k-means聚类算法对表5-2中的各个元素在两个维度（η_{ab}，η_{cf}）、（γ_{max}，p_{max}）进行分类，参考ICAO和中国民航局发布的《防止跑道侵入手册》[13,189]。冲突多发地带在发生概率和严重程度两个方面各分为4类，即 $K=4$，分类指标如表5-3、表5-4所示。

表 5-3 冲突多发地带发生频率分类

发生概率级别	等级划设指标	描 述
Ⅰ	$\eta_{ab}\geqslant 0.9\%$ 或 $\eta_{cf}\geqslant 1.5\%$	该位置滑行异常或潜在冲突频率极大
Ⅱ	($0.7\%\leqslant\eta_{ab}<0.9\%$且 $\eta_{cf}<1.5\%$)或 ($1.2\%\leqslant\eta_{cf}<1.5\%$且 $\eta_{ab}<0.9\%$)	该位置滑行异常或潜在冲突频率较大
Ⅲ	($0.5\%\leqslant\eta_{ab}<0.7\%$且 $\eta_{cf}<1.2\%$)或 ($\eta_{ab}<0.7\%$且 $0.8\%\leqslant\eta_{cf}<1.2\%$)	该位置滑行异常或潜在冲突频率较小
Ⅳ	$\eta_{ab}<0.5\%$且 $\eta_{cf}<0.8\%$	该位置滑行异常或潜在冲突频率极小

表 5-4 冲突多发地带严重程度分类

严重程度	等级划设指标	描 述
A	$\gamma_{max}\geqslant 19\%$ 或 $p_{max}\geqslant 89\%$或 T_k 为跑道	勉强避免发生碰撞的严重事故征候,跑道侵入风险
B	($16\%\leqslant\gamma_{max}<19\%$且 $p_{max}<89\%$)或 ($78\%\leqslant p_{max}<89\%$且 $\gamma_{max}<19\%$)	严重危险接近,相撞概率较大,必须及时采取措施以防止相撞的事故征候
C	($12\%\leqslant\gamma_{max}<16\%$ 且 $p_{max}<78\%$)或 ($67\%\leqslant p_{max}<78\%$且 $\gamma_{max}<16\%$)	危险接近并存在相撞的可能,有充足时间和距离来采取措施以防止相撞的事故征候
D	$\gamma_{max}<12\%$且 $p_{max}<67\%$	符合冲突的定义,存在运行冲突,但不会立即产生不安全后果

将表 5-2 中 64 个元素在可能性和严重程度两个维度进行分类,其结果如表 5-5 所示。风险发生频率分类为Ⅰ类的冲突点仅有 1 个,在该位置的冲突可能性达到 1.5%;Ⅱ类的冲突点有 10 个;Ⅲ类的冲突点有 16 个;而发生频率小于 0.5%的冲突点有 37 个,占总数的 57.8%。风险严重程度分类为 A 类的冲突点仅有 1 个,在该位置的冲突概率达到 89%,此点也是Ⅰ类冲突点;B 类的冲突点有 7 个;C 类的冲突点有 22 个;而严重程度很小的冲突点有 34 个,占总数的 53%。

表 5-5 冲突多发地带备选元素分类结果

序号	发生频率	严重程度	序号	发生频率	严重程度	序号	发生频率	严重程度	序号	发生频率	严重程度
1	Ⅳ	D	4	Ⅳ	D	7	Ⅳ	C	10	Ⅳ	D
2	Ⅲ	D	5	Ⅲ	D	8	Ⅳ	D	11	Ⅱ	D
3	Ⅳ	B	6	Ⅳ	D	9	Ⅳ	D	12	Ⅳ	D

续表

序号	发生频率	严重程度	序号	发生频率	严重程度	序号	发生频率	严重程度	序号	发生频率	严重程度
13	Ⅳ	C	26	Ⅳ	C	39	Ⅳ	D	52	Ⅰ	A
14	Ⅳ	C	27	Ⅱ	C	40	Ⅱ	D	53	Ⅳ	D
15	Ⅳ	D	28	Ⅱ	D	41	Ⅲ	C	54	Ⅱ	C
16	Ⅳ	C	29	Ⅳ	B	42	Ⅳ	C	55	Ⅳ	B
17	Ⅳ	C	30	Ⅲ	C	43	Ⅱ	D	56	Ⅲ	C
18	Ⅱ	C	31	Ⅲ	B	44	Ⅲ	D	57	Ⅲ	D
19	Ⅳ	C	32	Ⅲ	C	45	Ⅳ	D	58	Ⅳ	D
20	Ⅳ	D	33	Ⅳ	B	46	Ⅳ	D	59	Ⅲ	D
21	Ⅳ	C	34	Ⅳ	C	47	Ⅳ	D	60	Ⅲ	D
22	Ⅳ	C	35	Ⅱ	B	48	Ⅳ	D	61	Ⅲ	C
23	Ⅲ	D	36	Ⅳ	D	49	Ⅳ	D	62	Ⅳ	D
24	Ⅱ	D	37	Ⅳ	D	50	Ⅳ	D	63	Ⅳ	C
25	Ⅲ	D	38	Ⅱ	B	51	Ⅲ	C	64	Ⅳ	C

5.4.4 冲突多发地带识别及分级评估

以严重程度、发生频率分别为纵、横坐标形成风险矩阵，对冲突多发地带备选元素进行风险评估。当冲突多发地带备选元素处于某个矩阵某个区域，该元素将被定位为不可接受的危险源，元素所在位置将被划设为冲突多发地带。根据我国空管安全管理规定与安全评估标准，可确定风险等级标准为：严重风险、危险风险、轻微风险、可忽略风险 4 个级别[12]。定义该机场场面运行风险矩阵如下。

如表 5-6 所示，Ⅰ类 A 级危险源为严重风险，必须马上采取措施进行避免；Ⅰ类 B 和 C 级、Ⅱ类 A 和 B 级、Ⅲ类 A 级危险源为危险风险，必须马上采取措施进行缓解；Ⅰ类 D 级、Ⅱ类 C 级、Ⅲ类 B 级、Ⅳ类 A 级危险源为轻微风险，必须采取措施进行关注。对于以上不同级别的风险在表 5-6 中以颜色深浅表示严重程度。根据专家意见，对于属于“严重风险、危险风险、轻微风险”的备选元素必须采取风险缓解措施，而“可忽略风险”级别的备选元素可以正常运行。

表 5-6 机场场面运行风险矩阵

	Ⅰ	Ⅱ	Ⅲ	Ⅳ
A	严重风险			
B	危险风险			
C		轻微风险		
D			可忽略风险	

由此得到机场冲突多发地带划设标准：应将属于“严重风险、危险风险、轻微风险”备选元素标识为机场冲突多发地带。应将表 5-5 中的冲突多发地带备选元素分类结果，对应表 5-6 中冲突多发地带划设标准，共 7 个备选元素划设为冲突多发地带，其中严重风险冲突多发地带有 1 个，危险风险冲突多发地带有 2 个，轻微风险冲突多发地带有 4 个。

5.4.5 冲突多发地带划设结果对比分析

图 5-12 给出利用本章方法划设的机场冲突多发地带方案与该机场公布的冲突多发地带的对比。利用本章方法划设的 4 个位置与利用传统经验方法划设结果一致，图 5-12 中用虚线箭头指出。

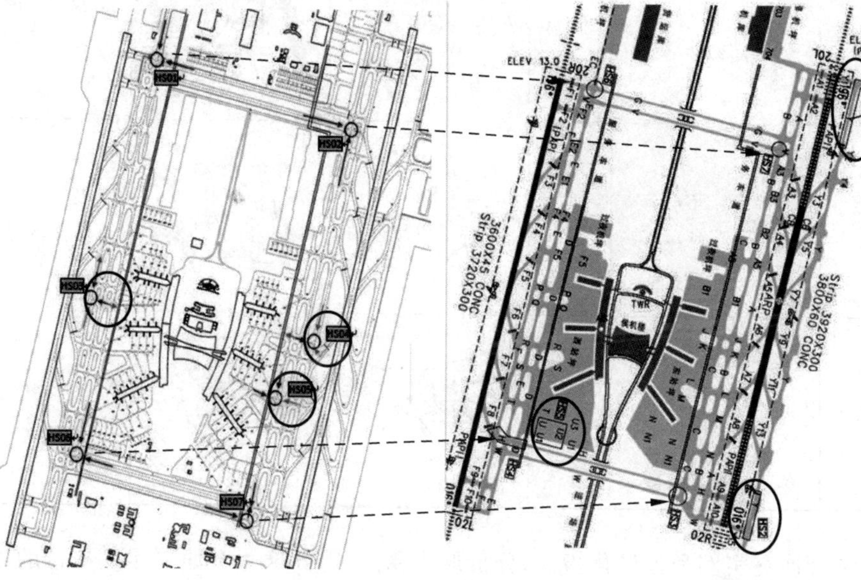

(a)　　　　　　　　　　(b)

图 5-12　机场冲突多发地带分布图对比

(a) 利用本章方法所识别的冲突多发地带；(b) 该机场原有的冲突多发地带

表 5-7 给出 4 个相同的冲突多发地带的划设情况、位置及冲突实例。HS06 位置相同但范围不同，原方案中 HS06 范围更大，包括了由滑行道 H 至快速脱离道 F8 的全部滑行道，这是由于该机场在 F8 处出现过一次跑道侵入，根据冲突多发地带划设原则，人工将此位置扩大至曾经发生跑道侵入的 F8 道口。其中利用本章方法计算出 HS06 的分类为 I/A，这说明此处多次出现危险程度较大的冲突或者异常，因此 HS06 被划设为风险级别最高的严重冲突多发地带。HS01 与 HS02 为滑行道交叉口，离场航空器在此滑行时潜在冲突概率较大，其中 HS02 仅在跑道使用 20 方向运行时存在。而 HS07 是由于航空器滑错发生频率较大而产生的，此处为跑道入口滑行道，飞行员在此处容易引起混淆，因此滑行异常点较多。

表 5-7 与原方案一致的冲突多发地带描述

冲突多发地带	冲突点参数 $\{(\gamma_{\max},p_{\max}),(\eta_{ab},\eta_{cf}),T_k\}$	分类	本章方法识别结果	原方案	冲突实例
HS01	{(0.06,0.8),(0.008,0.01),E}	Ⅱ/B	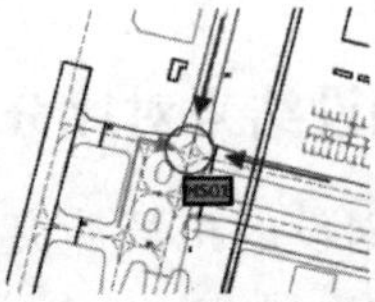	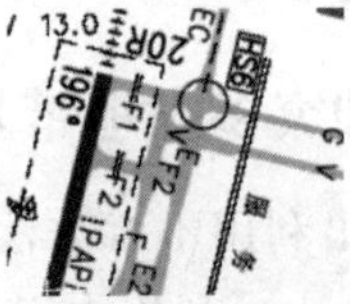	EC、E及G滑行道交叉区域
HS06	{(0.13,0.89),(0.009,0.015),H}	Ⅰ/A	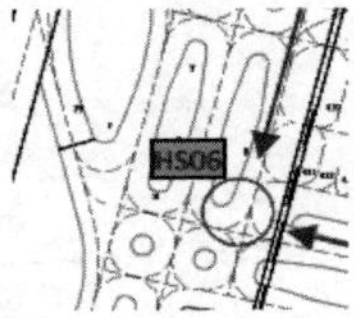	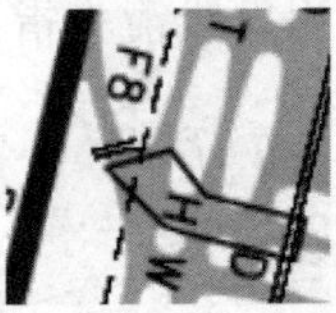	D及H滑行道交叉区域
HS07	{(0.14,0.58),(0.007,0.01),W}	Ⅱ/C	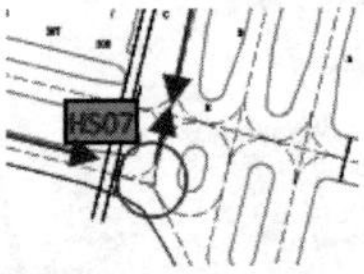		C及W滑行道交叉区域
HS02	{(0.18,0.56),(0.001,0.009),V}	Ⅲ/B	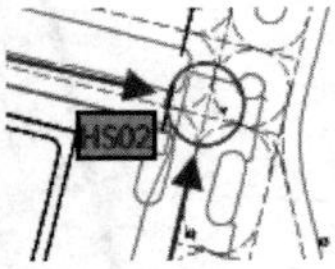	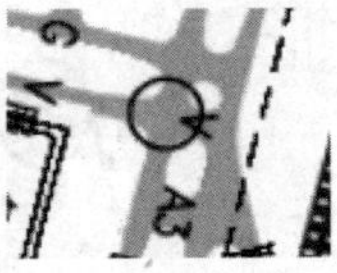	V及B滑行道交叉区域

结合冲突实例和各量化指标，分析形成原因，得到这 4 个冲突多发地带的冲突实例及风险缓解措施，如表 5-8 所示。

表 5-8 冲突多发地带冲突实例及成因分析

冲突多发地带	冲突实例	形成因素
HS01		航空器使用 G 滑行道由东向西滑行，使用 V 滑行道由西向东滑行，西侧航空器进入该区域时容易错过 V 滑行道，错误进入 G 滑行道，形成对头滑行
HS02	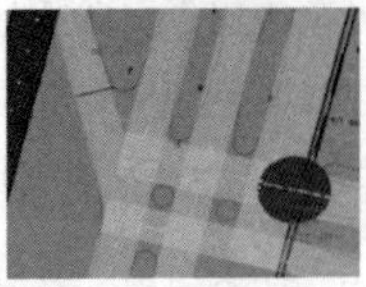	使用 02L 跑道离港时，东侧航空器使用 H 滑行道，西侧航空器使用 D 滑行道，两航空器在此处交会

续表

冲突多发地带	冲突实例	形成因素
HS06	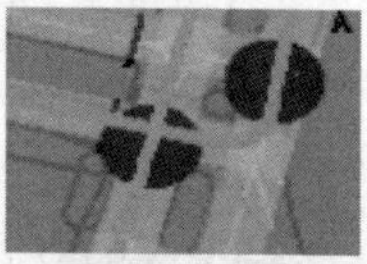	使用 02R 跑道离港时，西侧航空器使用 W 滑行道（少数使用 C、H、B 至 02R 跑道），东侧航空器使用 C 滑行道，两航空器在此处交会
HS07		西侧离港航空器使用 V 滑行道至 20L 跑道，东侧离港航空器使用 G 滑行道至 20R 跑道，两航空器在此处交会

根据以上实例可知，本章提出的冲突判断及概率计算的冲突多发地带识别方法，是以冲突、滑错的运行过程挖掘分析为基础而建立的，因此在冲突识别、量化风险的同时能获取导致风险产生的运行实例，结合冲突实例可明确描述风险产生原因，由此说明本章方法的划设结果与机场运行实际情况相符，且有利于冲突多发地带的缓解及管理。

以上识别结果及成因分析均得到了该机场塔台管制室管制员认可，并在实际运行中采取相应措施，对以上 4 个冲突多发地带的风险水平进行缓解。表 5-9 给出针对各个冲突多发地带采取的风险缓解措施。

表 5-9 冲突多发地带的风险缓解措施

冲突多发地带	风险缓解措施
HS01	进入货机坪的航空器主要经由 F-F2-E-EC 进入货机坪，在此处汇集，交通流情况复杂。在实际运行中主要考虑西侧航空器错过 V 滑行道，错误进入 G 滑行道，从而形成对头滑行的情况，应加强监视防止航空器经由 F-F1-EC 进入货机坪
HS02	使用 20L 跑道时，西侧站坪航空器与东侧站坪航空器在此处汇聚，情况较为复杂。特别是使用 A3-A-G 滑行时，应加强监控以防止航空器使用 A3-V，在 V 滑行道上形成对头滑行
HS06	使用 02 跑道时，东站坪使用 02L 离港航空器和西站坪离港航空器在此处汇集，情况较为复杂；同时以前发生过东站坪的航空器经 H 再经 F8 上跑道起飞的案例，这里也是之前的 HS 区域考虑为包含 F8 的多边形
HS07	使用 02 跑道时，东站坪经 C-W-02R 离港航空器和西站坪经 W-02R 离港航空器在此处汇集，情况较为复杂；在此处如管制员未提前通报顺序，容易出现航空器争道的情况，出现的 W-C-B-W-02R 滑行情况是实际运行中进行的调序，是为 W 上滑行的后机让道。在公务机坪，一般使用 U1 滑进、U 滑出单行滑行的方式，机组在未收到管制指令时容易进行逆向滑行，应加强此位置的监视观察

对照图 5-12 可知，本章方法识别出 3 个新的冲突多发地带，如表 5-10 所示。

表 5-10　利用本章方法识别出的新冲突多发地带描述

冲突多发地带	冲突点参数 $\{(\gamma_{max},p_{max}),(\eta_{ab},\eta_{cf}),T_k\}$	分类	识别结果	影响范围
HS03	{(0.13,0.79),(0.005,0.013),F}	Ⅱ/B	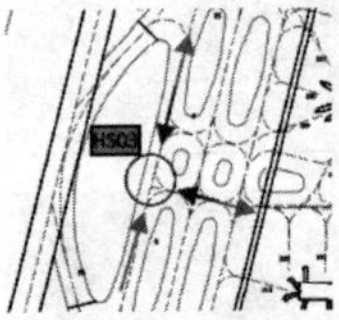	Q 及 F 滑行道交叉区域
HS04	{(0.12,0.68),(0.007,0.012),J}	Ⅱ/C	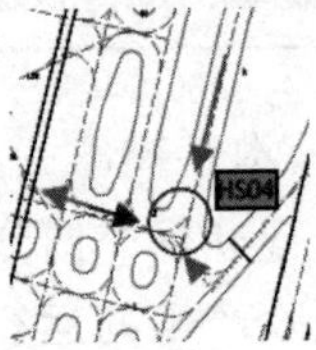	J 及 A 滑行道交叉区域
HS05	{(0.12,0.57),(0.008,0.014),L}	Ⅱ/C	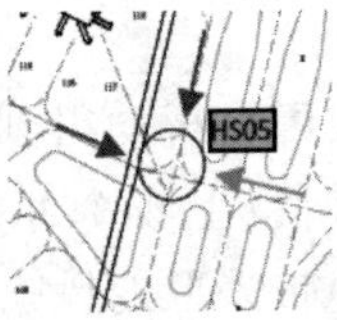	L 及 C 滑行道交叉区域

HS03 位于 F 滑行道，航空器脱离跑道后经过 F 进入机坪，容易和平滑 E 上滑行的航空器产生冲突，最大冲突概率为 0.79，且潜在冲突发生频率约为 0.13%。HS04 位于 J 滑行道，此处连接平滑 A 和快速脱离道 A4，因此飞行员容易混淆，导致滑错。HS05 位于机坪与 L 滑行道连接处，当 1 号机坪 108-117 廊桥有航空器推出滑行或滑入机位时，在此处容易产生冲突。

根据一线管制员反馈，在该机场的这些位置容易产生拥堵，特别是 1 号机坪廊桥使用率高，因此在 HS05 位置容易发生航空器对头等情况。在 02L 跑道落地航空器经常采用 F5 脱离跑道，若为其分配机位 220-229，则该航空器会经过 HS03 所在位置，容易与平滑 F、E 上的航空器产生交叉滑行冲突，同时确实存在航空器在 HS04 位置滑错方向的情况。由此可知，本章方法能结合实际运行过程，对未产生不安全事件但存在较大运行风险或潜在冲突的冲突多发地带进行识别，利用本章描述方法识别新冲突多发地带及形成原因得到一线管制员认可。

进一步分析冲突实例、形成原因和各量化指标，得到这 3 个冲突多发地带的风险缓解措施，如表 5-11 所示。

对以上 3 个冲突多发地带的风险水平进行缓解，表 5-12 给出针对新冲突多发地带采取的避让措施。

表 5-11 新识别冲突多发地带冲突实例及避让建议

冲突多发地带	冲突实例	避让建议
HS03		航空器使用 Q 滑行道进出西站坪，若有航空器或地面车辆使用 F，航空器进入此区域时需加强观察，注意速度，避免发生交叉冲突
HS04	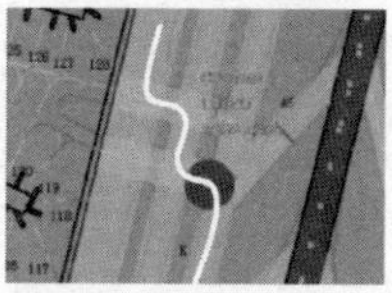	航空器使用 J 滑行道进出东站坪，若有航空器或地面车辆使用 A，航空器进入此区域时需加强观察，注意速度，以避免发生交叉冲突
HS05	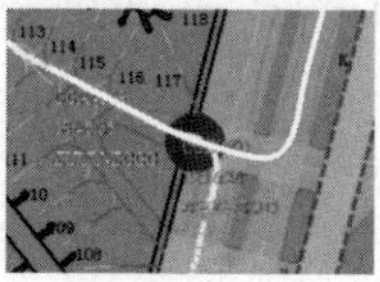	航空器使用 L 滑行道进出东站坪，若有航空器或地面车辆使用 C，航空器进入此区域时需加强观察，注意速度，以避免发生交叉冲突

表 5-12 新冲突多发地带避让措施

冲突多发地带	管制员运行措施
HS03	制定了标准运行路线，一般情况下在 F 上安排进港的航空器滑行，在 E 上安排离港的航空器滑行
HS04	注意观察航空器位置，加强监视，以防止出现对头
HS05	安排东 1、东 2 离港的航空器先滑出，进入站坪的航空器在 B 处等待

图 5-12(b)中原方案有三个本节方法未识别的冲突多发地带，其中一个冲突多发地带位于西站坪的 U 形远机位机坪，在该位置容易产生滑行冲突，在划设了该冲突多发地带后，机场管制塔台规定航空器在此处的单向滑行路线。根据采集的轨迹数据可知航空器在此处由于单向通行并未出现滑行异常和潜在冲突。因此在本节识别的冲突多发地带中并不包含此位置，由此说明利用运行数据定期对机场冲突进行识别和风险评估，可检查运行规则是否能缓解或消除潜在运行风险和危险源，定时更新冲突多发地带信息。以上举措对保障运行安全、提高运行效率十分必要。

其余两个未识别冲突多发地带位于 02R 跑道西侧的滑行道 Y 上，通过进一步调研可知，该冲突多发地带标识了 ILS 下滑信标台敏感区范围，当有航空器在 02R 跑道或 20L 跑道起降时，若最后进近航段上有航空器继续进近，为 ILS 下滑信号的传播，从联邦快递专用机坪滑出的航空器会在管制员的指挥下在冲突多发地带外侧等待，得到管制员的指令后，等待进入跑道的飞机才能滑入此区域。因此这两个冲突多发地带是为了防止航空器进入 ILS 敏感区而划设的，其形成原因与运行状态无直接关系。由此可知冲突多发地带的识别划设还需结合专家和一线管制、运行人员进行讨论分析，对于特殊原因形成的冲突多发地带需要人工添加。

参考文献

[1] 中国民用航空局发展计划司. 2021年民航行业发展统计公报[R]. 北京：中国民用航空局，2022.

[2] 中国民用航空局发展计划司. 2021年民航机场生产统计公报[R]. 北京：中国民用航空局，2022.

[3] 中国民用航空局发展计划司. 中国民用航空发展第十四个五年规划[R]. 北京：中国民用航空局，2021.

[4] ETSCHMAIER M M, MATHAISEL D F X. Airline scheduling: an overview [J]. Transportation Science, 1985, 19(2): 127-138.

[5] 杨晓嘉. 空中交通流量管理分析与研究[J]. 中国民用航空，2001，(11)：41-42.

[6] CHEN B, CHENG H H. A review of the applications of agent technology in traffic and transportation systems[J]. IEEE Transactions on Intelligent Transportation Systems, 2010, 11(2): 485-497.

[7] 中国民用航空局发展计划司. 民航节能减排"十三五"规划[R]. 北京：中国民用航空局，2017.

[8] 郭备战，王造军，潘有军，等. 航空器地面刮碰风险管控浅析[J]. 民航管理，2017(2)：105-112.

[9] 张书琴. 大型机场场面航空器运行分析与联合调度研究[D]. 南京：南京航空航天大学，2017.

[10] 中国民用航空局综合司. 关于进一步提升民航服务质量的指导意见[R]. 北京：中国民用航空局，2018.

[11] "新建、改建、扩建空管运行设施设备情况"安全评估指导材料：IB-TM—2012-005[S]. 北京：中国民用航空局空管行业管理办公室，2012.

[12] 民用航空空中交通管理运行单位安全管理规则：CCAR-83[S]. 北京：中国民用航空局，2016.

[13] 运输机场地面车辆和人员跑道侵入防范管理办法：AP-140-CA—2022-01[S]. 北京：中国民用航空局，2022.

[14] 张新军. 空中交通流量管理方法研究[D]. 成都：西南交通大学，2001.

[15] 肖德义. 流量控制的成因及相应的解决办法[J]. 空中交通管制，2004. 1(159)：52-53.

[16] 蒋丽. 特种车辆机坪运行安全研究[J]. 民航管理，2014(8)：73-74.

[17] 郭静. 高级场面活动引导和控制系统(ASMGCS)[J]. 中国民用航空，1999(8)：53-55.

[18] PIAZZA E. A-SMGCS routing and guidance functions[J]. IEEE Aerospace & Electronic Systems Magazine, 2002, 15(7): 15-23.

[19] 黄卫芳. 欧洲空中交通流量管理系统简介[J]. 空中交通管理，2006(6)：37-41.

[20] 民用航空监视技术应用政策：AC-115-TM—2018-02[S]. 北京：中国民用航空局空管行业管理办公室，2018.

[21] HARRIS R M. Models for runway capacity analysis[R]. Washington D. C.: The Mitre

Corporation Technical Report MTR-4102,1969.
[22] ODONI A R. Existing and required modeling capabilities for evaluating ATM systems and concepts[R]. Boston：International Center for air transportation,1997.
[23] 赵嶷飞.空中交通流量管理系统研究[D].北京：北京航空航天大学,2003.
[24] ABEYRATNE R. The aviation system block upgrades：legal and regulatory issues[J]. Air and Space Law,2014,39(2)：131-154.
[25] LUTTE B. ICAO aviation system block upgrades：A method for identifying training needs [J]. International Journal of Aviation,Aeronautics and Aerospace,2015,2(4)：5-1-16.
[26] 中国民用航空局空管行业管理办公室.中国民航航空系统组块升级(ASBU)发展与实施策略[R].北京：中国民用航空局,2015.
[27] 胡明华.空中交通流量管理理论[D].南京：南京航空航天大学,2001.
[28] 张建平,杨昌其,邹国良.基于ASBU的民用航空跑道安全促进战略研究[J].中国民航大学学报,2012,30(4)：3-7,12.
[29] ELLER R,SILVA B A C. Aeronautical surveillance system：historical and future perspectives [J]. Journal of the Brazilian Air Transportation Research Society,2013,9(1)：9-10.
[30] SABATINI R, GARDI A, RAMASAMY S, et al. Next generation avionic and ATM systems for environmentally sustainable aviation [C]//Proceedings of International Symposium on Sustainable Aviation(ISSA 2015),Istanbul,Turkey. 2015.
[31] 郭静.航空系统组块升级(ASBU)发展概述[J].中国民用航空,2015(8)：9-11.
[32] EUN Y,JEON D. Research/development trend and technical enablers of trajectory-based operations in air traffic management[J]. Journal of the Korean Society for Aeronautical & Space Sciences,2015,43(4)：349-358.
[33] 李黎.下一代空管系统的核心理念：基于四维航迹的运行[J].中国民用航空,2015(8)：18-20.
[34] KIESLING T, KREMPEL M, NIEDERL J, et al. A model-based approach for aviation cyber security risk assessment[C]//Availability, Reliability and Security(ARES), 2016 11th International Conference on IEEE,2016：517-525.
[35] 马勇.基于数据挖掘的四维航迹精密预测方法研究[D].南京：南京航空航天大学,2016.
[36] 张建平,任家龙,李震,等.基于ASBU的遥控驾驶航空器系统解读[J].航空计算技术,2017,47(3)：130-134.
[37] 刘岩,张阳,杨康.终端区空地数字化管制技术研究与系统设计[J].信息化研究,2017,43(4)：13-18.
[38] 胡杰.美国国家空域系统和自由飞行[J].民航与飞行安全,1999(3)：44-45.
[39] NEIDHOEFER J, GIBSON C, KUNDA M, et al. Determinism in autonomy for applications in the national airspace system(NAS)[C]//AIAA Infotech@Aerospace 2007 Conference and Exhibit. 2013：771-776.
[40] NEIDHOEFER J C,GIBSON C S,KUNDA M,et al. Determinism and autonomy in the national airspace system(NAS)[J]. Journal of Aerospace Computing Information & Communication,2015,4(11)：1037-1045.
[41] SIMAIAKIS I,KHADILKAR H,BALAKRISHNAN H,et al. Demonstration of reduced airport congestion through pushback rate control[J]. Transportation Research Part A：Policy and Practice,2014,66(8)：251-267.

[42] CZERNY A I,ZHANG A. Airport congestion pricing when airlines price discriminate[J]. Transportation Research Part B: Methodological,2014,65(7): 77-89.

[43] BATUWANGALA E, RAMASAMY S, BOGODA L, et al. Safety and security considerations in the certification of next generation avionics and air traffic management systems[C]//17th Australian International Aerospace Congress: AIAC 2017. Engineers Australia,Royal Aeronautical Society,2017: 440.

[44] SILVA H E,VERHOEF E T,VAN DEN BERG V A C. Airlines' strategic interactions and airport pricing in a dynamic bottleneck model of congestion[J]. Journal of Urban Economics,2014,80(3): 13-27.

[45] Manual of surface movement guidance and control systems(SMGCS): Doc9476-AN/927 [S]. Montreal: International Civil Aviation Organization,1986.

[46] GÜNTHER T, HILDEBRANDT M, FRICKE H, et al. Contributions of advanced taxi time calculation to airport operations efficiency[J]. Journal of Aerospace Operations,2011, 1(1-2): 95-106.

[47] JAKOBI J,LORENZ B,BIELLA M. Evaluation of an onboard taxi guidance system[C]// Human performance,situation awareness and automation technology conference,HPSAA Ⅱ,Daytona Beach. 2004,22(3): 2004.

[48] CHAUMETTE E,COMON P,MULLER D. ICA-based technique for radiating sources estimation: Application to airport surveillance[J]. IEE Proc. -F,1993,140(6): 395-401.

[49] ADEY P. Surveillance at the airport: surveilling mobility/mobilising surveillance[J]. Environment and Planning A,2004,36(8): 1365-1380.

[50] FREDERICKSON H G, LAPORTE T R. Airport security, high reliability, and the problem of rationality[J]. Public Administration Review,2002,62(12): 33-43.

[51] Advanced Surface Movement Guidance and Control Systems(A-SMGCS) Manual: Doc9830-AN/452[S]. Montreal: International Civil Aviation Organization,2004.

[52] WRIGHT D. Method of Monitoring Airport Runway End Identification Lamps: US3710157[P/OL]. (1973-01-09)[2023-06-09]. https://patentimages. storage. googleapis. com/11/b5/1a/f5d959e2df966c/US3710157. pdf.

[53] PERALTA S,RUDA H. Applications for advanced solid-state lamps[J]. IEEE Industry Applications Magazine,2002,4(4): 31-42.

[54] CHARISSIS V, PAPANASTASIOU S. Design and evaluation of automotive head-up display interface for low visibility conditions[C]//Visualization, Imaging, and Image Processing. 2006.

[55] JONES D R,PRINZEL Ⅲ L J,BAILEY R E,et al. Conducting safe and efficient airport surface operations in a NextGen environment[R]. Hampton: NASA Langley Research Center,2016.

[56] FOYLE D C, HOOEY B L, BAKOWSKI D L. Towards autonomous airport surface operations: NextGen flight deck implications[R]. Fresno: NASA Ames Research Center, 2017.

[57] SIMAIAKIS I,KHADILKAR H,BALAKRISHNAN H,et al. Demonstration of reduced airport congestion through pushback rate control[J]. Transportation Research Part A: Policy and Practice,2014,66(8): 251-267.

[58] SIMAIAKIS I, SANDBERG M, BALAKRISHNAN H. Dynamic control of airport departures: Algorithm development and field evaluation[J]. IEEE Transactions on Intelligent Transportation Systems,2014,15(1):285-295.

[59] GAGLIARDI P,FRDIANELLI L,SIMONETTI D,et al. ADS-B System as a useful tool for testing and redrawing noise management strategies at Pisa airport[J]. Acta Acustica united with Acustica. 2017,4(103):543-551.

[60] YOUNG R. UAS ground-based detect and avoid capability[C]//Integrated Communications, Navigation,Surveillance Conference. 2018:2B2-1-2B2-14.

[61] 高级场面活动引导与控制自动化系统技术要求:MH/T 4042—2014[S]. 北京:中国民用航空局航空器适航审定司,2014.

[62] 跑道状态灯控制处理系统技术要求:MH/T 6127—2022[S]. 北京:中国民用航空局航空器适航审定司,2022.

[63] 航空器驾驶员指南-地面运行:AC-91-FS—2014-23[S]. 北京:中国民用航空局飞行标准司,2014.

[64] KRAMER L J,ELLIS K K E,BAILEY R E,et al. Using vision system technologies to enable operational improvements for low visibility approach and landing operations[C]// 2014 IEEE/AIAA 33rd Digital Avionics Systems Conference(DASC). IEEE,2014:2B2-1-2B2-17.

[65] HU L,ZHU G,HAN L,et al. The application of deep learning in airport visibility forecast [J]. Atmospheric and Climate Sciences,2017,7(3):314-323.

[66] 吴明奎. 绿色电动滑行系统在低能见度运行中的应用设想[J]. 交通企业管理,2017(5):31-33.

[67] VÍTOR P R B. Method to operate a system of categorization/degradation of operating procedures for low visibility(LVP)of an airport runway:US9728088[P/OL]. (2017-08-08)[2023-06-09]. https://patentimages. storage. googleapis. com/ea/8a/58/6cf35863d25fff/US9728088. pdf.

[68] XU X H,YAO W D. Analysis of a complex weather process and services at Shanghai Pudong International Airport[J]. Meteorological and Environmental Research,2018,9(3):30-34.

[69] 机场安全管理体系建设指南:AC-139/140-CA—2008-1[S]. 北京:中国民用航空局机场司,2008.

[70] 民航空管防止跑道侵入指导材料:IB-TM—2013-002[S]. 北京:中国民用航空局空管行业管理办公室,2013.

[71] 王秀林,左莉,李翠霞,等. 基于电子进程单的屏幕管制移交方法:CN101515159[P]. 2009-08-26.

[72] 肖曦. 双流机场塔台电子进程单系统开发[D]. 成都:电子科技大学,2011.

[73] WILKE S,MAJUMDAR A,OCHIENG W Y. Airport surface operations: A holistic framework for operations modeling and risk management[J]. Safety Science,2014,63(3):18-33.

[74] 戴琦. 不停航机场改造工程风险识别与贝叶斯网络动态评估研究[J]. 建设监理,2015(10):48-51.

[75] 潘丹,罗帆. 民用机场停机坪安全三维风险预警模型研究[J]. 安全与环境学报,2018,

18(4)：1258-1265.

[76] CETEK C，CINAR E，AYBEK F，et al. Capacity and delay analysis for airport maneuvering areas using simulation[J]. Aircraft Engineering and Aerospace Technology：An International Journal，2014，86(1)：43-55.

[77] LEE H. Airport surface traffic optimization and simulation in the presence of uncertainties [D]. Cambridge：Massachusetts Institute of Technology，2014.

[78] PIEKERT F，CARSTENGERDES N，SCHIER S，et al. A high-fidelity artificial airport environment for SESAR APOC validation experiments[J]. Journal of Air Transport Studies，2017，8(1)：31-50.

[79] KIERZKOWSKI A，KISIEL T. Simulation model of security control system functioning：A case study of the Wroclaw Airport terminal[J]. Journal of Air Transport Management，2017，64(9)：173-185.

[80] 王哲，李丘，杨子晴. 基于 AirTOp 的珠三角机场群航班增量仿真研究——以广州白云机场为例[J]. 科技和产业，2018，18(7)：53-56.

[81] 杨磊. 机场场面运行优化技术研究[D]. 南京：南京航空航天大学，2012.

[82] 冯程. 机场场面运行优化及容量评估技术研究[D]. 南京：南京航空航天大学，2013.

[83] 张会峰. 西安咸阳国际机场隔离平行运行分析[J]. 空中交通，2013(10)：7-9.

[84] WATNICK M，IANNIELLO J W. Airport movement area safety system[C]//Digital Avionics Systems Conference，1992. Proceedings. IEEE/AIAA. IEEE，2002：549-552.

[85] 王燕青，张秀艳. 基于模糊层次分析法的民用机场安全风险管理[J]. 中国安全科学学报，2008，18(6)：116-120.

[86] 刘刚. 机场安全风险识别和评价预警问题研究[D]. 南京：南京航空航天大学，2009.

[87] 王翊菲. 基于 FUZZY FMECA 的机场场面系统风险评估研究[D]. 广汉：中国民用航空飞行学院，2016.

[88] 冯青川. 机场管制[M]. 成都：西南交通大学出版社，2007.

[89] 罗军. 机场管制[M]. 北京：中国民航出版社，2012.

[90] 李明捷. 机场规划与设计[M]. 北京：中国民航出版社，2015.

[91] 民用航空运输机场飞行区技术标准：MH 50001—2013[S]. 北京：中国民用航空局，2013.

[92] 民用航空空中交通管理规则：CCAR-93TM-R5[S]，北京：中国民用航空局，2017.

[93] CURRAN R，DINH K，VAN CALCK E. Simulation of taxiway system maintenance to optimize airport operational value[C]//12th AIAA Aviation Technology，Integration，and Operations(ATIO) Conference and 14th AIAA/ISSMO Multidisciplinary Analysis and Optimization Conference. 2012：5654-5674.

[94] MARÍN Á G. Airport taxi planning：Lagrangian decomposition[J]. Journal of Advanced Transportation，2013，47(4)：461-474.

[95] ZHANG K，ZHANG K，LENG S，et al. adaptive airport taxi dispatch algorithm based on PCA-WNN[C]//IEEE，International Conference on Dependable，Autonomic and Secure Computing. IEEE Computer Society，2013：340-343.

[96] JADHAV A. Modeling of ground operations using end-around(perimeter)taxiways for the modernized Chicago O'Hare International Airport[D]. Champaign：University of Illinois at Urbana-Champaign，2013.

[97] ÖTTL G,BÖCK P,WERPUP N,et al. Derivation of representative air traffic peaks as standard input for airport related simulation[J]. Journal of Air Transport Management,2013,28(5):31-39.

[98] ZHANG H,XU Y,YANG L,et al. Macroscopic model and simulation analysis of air traffic flow in airport terminal area[J]. Discrete Dynamics in Nature and Society,2014(6):1-15.

[99] KHAMMASH L,MANTECCHINI L,REIS V. Micro-simulation of airport taxiing procedures to improve operation sustainability:Application of semi-robotic towing tractor[C]//2017 5th IEEE International Conference on Models and Technologies for Intelligent Transportation Systems(MT-ITS). IEEE,2017:616-621.

[100] DAMGACIOGLU H,CELIK N,GULLER A. A route-based network simulation framework for airport ground system disruptions[J]. Computers & Industrial Engineering,2018,124(10):449-461.

[101] 朱新平,汤新民,韩松臣.基于 Petri 网与遗传算法的航空器滑行初始路径规划[J].西南交通大学学报,2013,48(3):565-573.

[102] 张佳,徐肖豪,高伟.基于 Agent 航空器滑行避让过程的建模与仿真[J].中国民航大学学报,2014,32(5):1-5.

[103] 唐勇,胡明华,黄荣顺,等.基于空闲时间窗和多 Agent 的 A-SMGCS 航空器滑行路由规划[J].航空学报,2015,36(5):1627-1638.

[104] 周龙.基于 4D 轨迹的航空器地面滑行动态路径规划及仿真系统研究[D].南京:南京航空航天大学,2015.

[105] SAVVARIS A,MELEGA M,TSOURDOS A. Advanced surface movement and obstacle detection using thermal camera for UAVs[J]. IFAC-PapersOnLine,2015,48(9):43-48.

[106] LU B,LI B,CHEN W H. Map-enhanced visual taxiway extraction for autonomous taxiing of UAVs[J]. IFAC-PapersOnLine,2015,48(9):49-54.

[107] ZHANG T,DING M,WANG B,et al. Conflict-free time-based trajectory planning for aircraft taxi automation with refined taxiway modeling[J]. Journal of Advanced Transportation,2016,50(3):326-347.

[108] PODGÓRSKI P,SKORUPSKI J. Aircraft taxi route choice in case of conflict points existence[C]//International Conference on Transport Systems Telematics. Springer International Publishing,2016:366-377.

[109] CHUA Z,COUSY M. Initial assessment of the impact of modern taxiing techniques on airport ground control[C]//International Conference on Human-Computer Interaction in Aerospace. ACM,2016:17.

[110] 邢志伟,卢红月,罗谦.基于背压路由算法的离港飞机滑行路径优化[J].信息与控制,2016,45(1):27-31.

[111] ADACHER L,FLAMINI M,ROMANO E. Airport ground movement problem:minimization of delay and pollution emission[J]. IEEE Transactions on Intelligent Transportation Systems,2018,19(12):3830-3839.

[112] 张红飞.航空器低排放场面滑行策略研究[D].天津:中国民航大学,2017.

[113] 王湛,熊佳俊,陈浩.航空器场面滑行速度与油耗研究[J].武汉理工大学学报(交通科学与工程版),2017,41(3):391-394.

[114] 杨磊，胡明华，尹苏皖，等. 大型繁忙机场场面离场交通流拥堵特征分析[J]. 航空学报，2016，37(6)：1921-1930.

[115] 赵向领，唐建勋，卢飞，等. 航班延迟推出策略及虚拟队列长度灵敏度分析[J]. 工程科学与技术，2016，48(3)：115-123.

[116] 杨磊. 机场机坪冲突控制研究[D]. 广汉：中国民用航空飞行学院，2017.

[117] DESAI J，LIAN G，SRIVATHSAN S. A hybrid penalty-based dynamic policy for effective departure pushback control[C]//IISE Annual Conference Proceedings. Institute of Industrial and Systems Engineers(IISE)，2017：782-787.

[118] 贾媛，姜雨，徐成，等. 基于航空器优先级的场面航空器动态滑行优化[J]. 武汉理工大学学报(交通科学与工程版)，2018(3)：472-477.

[119] 薛清文，陆键，姜雨. 大型机场滑行道航空器交通流特性仿真[J]. 北京航空航天大学学报，2019，45(3)：567-574.

[120] ZETTERLIND V，PLEDGIE S. Low-cost tools for aerial video geolocation and air traffic analysis for delay reduction using Google Earth[C]//AGU Fall Meeting. AGU Fall Meeting Abstracts，2009：549-552.

[121] STEINER A. Visualizing traffic data with Google Earth™：real-time air traffic in 3D[C]//Swiss Transport Research Conference. 2010.

[122] PERRY A R. The Flight Gear flight simulator[C]//Conference on USENIX Technical Conference. USENIX Association，2004，686：1-12.

[123] WANG J N，XUE P，XU X H. Petri net-based agent modeling and analysis for aircraft push-back behavior model[J]. Computer Technology & Development，2012，22(4)：187-190.

[124] 唐勇，胡明华，吴宏刚，等. 基于 Flight Gear 的 A-SMGCS 场面活动三维仿真[J]. 计算机应用，2012，32(11)：3228-3231.

[125] DWORZAŃSKI L W，LOMAZOVA I A. CPN tools-assisted simulation and verification of nested Petri nets[J]. Automatic Control & Computer Sciences，2013，47(7)：393-402.

[126] YING J，LUC H，DAI J，et al. Visual flight simulation system based on Matlab/Flight Gear[C]//2017 IEEE 2nd Advanced Information Technology，Electronic and Automation Control Conference(IAEAC). IEEE，2017：2360-2363.

[127] 杨姗姗，王彪. 基于 Flight Gear 的三维可视化飞行控制仿真实验平台的设计[J]. 实验室研究与探索，2017，36(7)：113-117.

[128] 邢志伟，李世皎. 基于 Flexsim 的机场场面交通仿真[J]. 中国民航大学学报，2017，35(1)：22-25.

[129] RAFI M，CHANDRASEKARAN B，KUSMEZ B，et al. Real-time Google glass heads-up display for rapid air-traffic detection[J]. 2018，55(1)：263-274.

[130] MOTA M M，DI BERNARDI A，SCALA P，et al. Simulation-based virtual cycle for multi-level airport analysis[J]. Aerospace，2018，5(2)：44.

[131] LI X，CHEN X. Airport simulation technology in airport planning，design and operating management[J]. Applied and Computational Mathematics，2018，7(3)：130-138.

[132] DAMGACIOGLU H，CELIK N，GULLER A. A route-based network simulation framework for airport ground system disruptions[J]. Computers & Industrial Engineering，2018，124(10)：449-461.

[133] 杜兴元,彭莉鲜.搭建首都机场智能机坪管制运行指挥体系[J].综合运输,2015(11):68-72.

[134] WOLFRAM S. Statistical mechanics of cellular automata[J]. Rev. Mod. Phys,1983,55(3):601-644.

[135] NAGEL K. A cellular automaton model for freeway traffic[J]. Journal of Physics I France,1992,2(12):2221-2229.

[136] MORI R. Aircraft ground-taxiing model for congested airport using cellular automata[J]. IEEE Transactions on Intelligent Transportation Systems,2013,14(1):180-188.

[137] 杨凯,康瑞.基于元胞自动机的航空器起降间隔研究[J].工程科学与技术,2016(s2):127-134.

[138] 张红颖,杨旭伟,罗谦.基于元胞自动机的机场航班流建模与仿真[J].系统仿真学报,2018,30(08):2864-2874.

[139] MAZUR F,SCHRECKENBERG M. Simulation and optimization of ground traffic on airports using cellular automata[J]. Collective Dynamics,2018,3(A4):1-22.

[140] HELBING D,MOLNÁR P,FARKAS I J,et al. Self-organizing pedestrian movement[J]. Environment & Planning B Planning Design,2001,28(3):361-383.

[141] 何锐权.基于势能场模型的人群疏散仿真研究[D].广州:中山大学,2013.

[142] 李圣男.基于区块划分元胞自动机模型的行人疏散建模与仿真[D].北京:北京交通大学,2015.

[143] 郑海龙.枢纽机场中转交通溢出效应及影响因素研究[D].南京:南京航空航天大学,2020.

[144] 牟奇锋,冯晓磊.航空器地面滑行碰撞检测方法研究[J].中国安全科学学报,2013,23(12):84-89.

[145] 夏正洪,万健,朱新平.考虑航空器滑行轨迹时空交叠的机场热点识别方法[J].中国安全科学学报,2017,27(5):76-80.

[146] 康瑞,陈佳,杨凯.航空器交叉汇聚滑行冲突概率评估模型[J].兵器装备工程学报,2019,40(10):115-118,150.

[147] 康瑞,陈佳.双跑道在隔离运行模式下的航空器起降间隔研究[J].航空计算技术,2021,51(3):14-17,21.

[148] 朱云斌,黄晓明,常青.模糊故障树分析方法在机场环境安全中的应用[J].国防科技大学学报,2009,31(6):126-131.

[149] 杜红兵,李晖,袁乐平,等.基于 Fuzzy-ANP 的空管安全风险评估研究[J].中国安全科学学报,2010,20(12):79-85.

[150] 张豫翔,王肖戎,吴明功,等.基于模糊层次分析法和云模型的非常规情况下空管运行风险评估[J].安全与环境学报,2016,16(4):42-47.

[151] 王永刚,董保健.管制员人为差错影响因素及指标权重分析[J].中国安全生产科学技术,2011,7(2):28-33.

[152] 岳仁田,刘敬轩,赵嶷飞,等.基于 BP 神经网络的扇区空管运行亚健康关联因子预测[J].安全与环境工程,2020,27(2):210-215,220.

[153] EEDÖS P,RÈNYI A. On the evolution of random graphs[J]. Publication of the Mathematical Institute of the Hungarian Academy of Science,1960,5(1):17-60.

[154] BELKOURA S,COOK A,PENA J M,et al. On the multi-dimensionality and sampling of

air transport networks[J]. Transportation Research Part E: Logistics and Systems Engineering and Electronics 11 Transportation Review,2016,94(7):95-109.

[155] VOLTES D A, RODRIGUEZ D H, SUAU S P. Vulnerability of the European air transport network to major airport closures from the perspective of passenger delays: ranking the most critical airports[J]. Transportation Research,2017,96(2):119-145.

[156] LYKOU G,DEDOUSIS P,STERGIOPOULOS G,et al. Assessing interdependencies and congestion delays in the aviation network[J]. IEEE Access,2020,8(12):223234-223254.

[157] 吴珂,王俊峰,罗琴. 中国空域国内航班飞行拓扑分析[J]. 四川大学学报(自然科学版),2016,53(1):73-78.

[158] 肖琴,罗帆. 基于复杂网络的两栖水上飞机起降安全风险演化[J]. 复杂系统与复杂性科学,2019,16(2):19-30.

[159] 邱杨扬. 不停航施工期飞行区安全风险演化的复杂网络模型研究[D]. 武汉:武汉理工大学,2019.

[160] 王岩韬,刘毓. 基于复杂网络的航班运行风险传播分析[J]. 交通运输系统工程与信息,2020,20(1):198-205.

[161] QIAN X W,UKKUSURI S V. Connecting urban transportation systems with the spread of infectious diseases: a Trans-SEIR modeling approach[J]. Transportation Research Part B: Methodological,2021,145(3):185-211.

[162] 童学子. 杭州机场机坪分扇区运行创新模式[J]. 中国高新科技,2020(13):85-86.

[163] 蒋丽. 特种车辆机坪运行安全研究[J]. 民航管理,2014(08):73-74.

[164] 刘刚,朱金福. 基于事故树和动态灰色关联方法的机坪事故人为因素分析研究[J]. 人类工效学,2008,14(2):22-24.

[165] 孙殿阁,孙佳,王淼,等. 基于 Bow-Tie 技术的民用机场安全风险分析应用研究[J]. 中国安全生产科学技术,2010,6(4):85-89.

[166] 邵荃,周语. 廊桥刮碰航空器风险评估方法[J]. 科学技术与工程,2019,19(34):420-425.

[167] 费春国,潘伟鹏. 机坪电动特种车辆运行安全风险评估研究[J]. 现代电子技术,2017,40(12):34-38.

[168] 王永刚,左笑颖,邢东江. 机场原因航空器受损事件防控风险评价[J]. 中国安全生产科学技术,2020,16(10):165-171.

[169] 刘兵飞,汤晓鹏,张凤. 机场飞行区无人驾驶特种车辆的风险评估[J]. 科技导报,2021,39(19):83-91.

[170] 康瑞,彭莉娟,杨凯. 考虑驾驶方式改变的一维元胞自动机交通流模型[J]. 物理学报,2009,58(7):4514-4522.

[171] 康瑞,杨凯. 敏感换道对下匝道系统交通流的影响[J]. 物理学报,2013,62(23):23890-1-23890-8.

[172] 赵亮,刘浩学. 驾驶行为特性与人格特征关系研究[J]. 中国安全生产科学技术,2016,12(8):171.

[173] 魏田正,林淼,李晨新,等. 基于隐性危险驾驶人感知特性及判别模型研究[J]. 中国安全生产科学技术,2021,17(3):175-181.

[174] KOENE J. Applied network analysis: a methodological introduction[J]. North-Holland,1984,17:422.

[175] FREEMAN L C. A set of measures of centrality based on betweenness[J]. Sociometry,

1977,40(1):35-41.
[176] FREEMAN L C. Centrality in social networks conceptual clarification[J]. Sociometry, 1978,79(1):215-239.
[177] 中国民用航空仪表着陆系统Ⅱ类运行规定:CCAR-91FS-Ⅱ[S]. 北京:中国民用航空局政策法规司,1996.
[178] TEUTSCH J,MOLLWITZ V. Virtual block control and separation bubbles in ATC low visibility operations [C]//Integrated Communications, Navigation and Surveillance Conference. IEEE,2009:1-17.
[179] 于海. 二类进近中的视觉影响因素[J]. 中国民用航空,2015(11):55-57.
[180] 高加凯. 基于低能见度机场场面运行策略[J]. 中国科技信息,2017(z1):28-29.
[181] CORNEJO-BUENO L, CASANOVA-MATEO C, SANZ-JUSTO J, et al. Efficient prediction of low-visibility events at airports using machine-learning regression [J]. Boundary-Layer Meteorology,2017,165(2):349-370.
[182] CHUN H Y,KIM J H,LEE D B,et al. Research collaborations for better predictions of aviation weather hazards[J]. Bulletin of the American Meteorological Society, 2017, 98(5):ES103-ES107.
[183] CHENG X,YANG B,LIU G,et al. A total bounded variation approach to low visibility estimation on expressways[J]. Sensors,2018,18(2):392-410.
[184] 杨凯,康瑞. 机场Ⅱ类运行下航空器起降间隔研究[J]. 工程科学与技术,2019,51(1):213-221.
[185] MERCER J, HOMOLA J, CABRALL C, et al, Human-automation cooperation for separation assurance in future NextGen environments [C]//Proceedings of the International Conference on Human-Computer Interaction in Aerospace. HCI-Aero 2014, 2014:1-8.
[186] PREVOT T,HOMOLA J R,MARTIN L H,et al. Toward automated air traffic control-investigating a fundamental paradigm shift in human/systems interaction[J]. International Journal of Human-Computer Interaction,2012,28(2):77-98.
[187] DUBOURG B,MICHEL F. Guiding and taxiing assistance optoelectronic device for an aircraft having a dedicated symbology: U. S. Patent 8,125,352[P]. 2012-2-28.
[188] COX J J,COX I W,VANA J,et al. Cockpit control system for controlling ground travel in aircraft equipped with engine-free electric taxi system: U. S. Patent 10,293,922[P]. 2019-5-21.
[189] Manual on the prevention of runway incursions: Doc. 9870-AN/463 [S]. Montreal: International Civil Aviation Organization,2007.
[190] 夏正洪,潘卫军,康瑞,等. 机场冲突热点识别与等级划分方法研究[J]. 科学技术与工程,2014,14(21):297-301.
[191] 罗小林. 机场地面滑行冲突检测关键技术研究[D]. 广汉:中国民用航空飞行学院,2014.
[192] 邱文彬. 基于历史数据的机场危险区识别方法研究[D]. 广汉:中国民用航空飞行学院,2015.
[193] 民航空中交通管理安全评估管理办法:AP-83-TM—2011-01[S]. 北京:中国民用航空局空管行业管理办公室,2011.